ワインが楽しく飲める本

原子嘉継 監修

PHP文庫

○本表紙図柄＝ロゼッタ・ストーン（大英博物館蔵）
○本表紙デザイン＋紋章＝上田晃郷

Wine Café
SPECIAL
Majuang

はじめに

「ルール」を知ればワインが見えてくる

ここに「ワインとは難しい飲み物である、○か×か？」という問題があったとしましょう。多くの方が「○」と答える可能性が高いと思います。

たしかに、ワインには独特のマナーがありますし、専門用語も少なくはありません。生産国による歴史的背景や特徴もさまざまですから、あらゆる要素が複雑に入り組んでいるように見えてしまうのでしょう。

しかし、ワインを取り巻くマナーなどは、スポーツにおけるルールのようなもの。「ワイン」を縛るために存在して

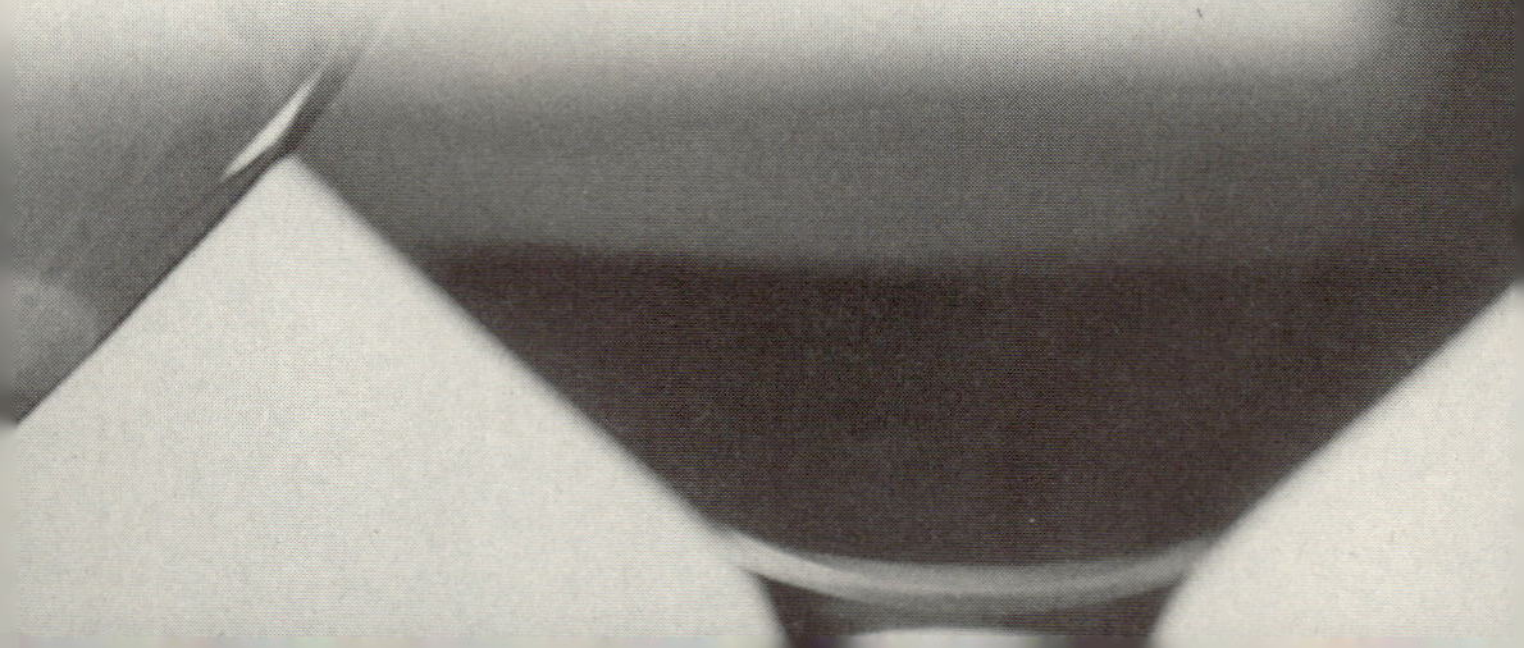

いるわけではなく、より自由に楽しむために存在していま す。事実、ルールを知れば知るほどワインの世界は無限の可能性をもって広がり、新たな表情を見せてくれます。そして「楽しむこと」の大切さをも教えてくれるのです。

本書は、ワインを知るうえで必要と思われる知識を厳選し、やさしく解説した「ルールブック」のようなものです。堅苦しい気構えは不要。難しさの裏に面白さを秘めた至上の飲み物・ワインへの一歩を、ただ気楽にのんびりと、踏みだしていきましょう。

本書を通じて、皆様が食文化をより楽しむためのお手伝いが少しでもできれば、幸いに思います。

社団法人　日本ソムリエ協会元副会長　原子嘉継

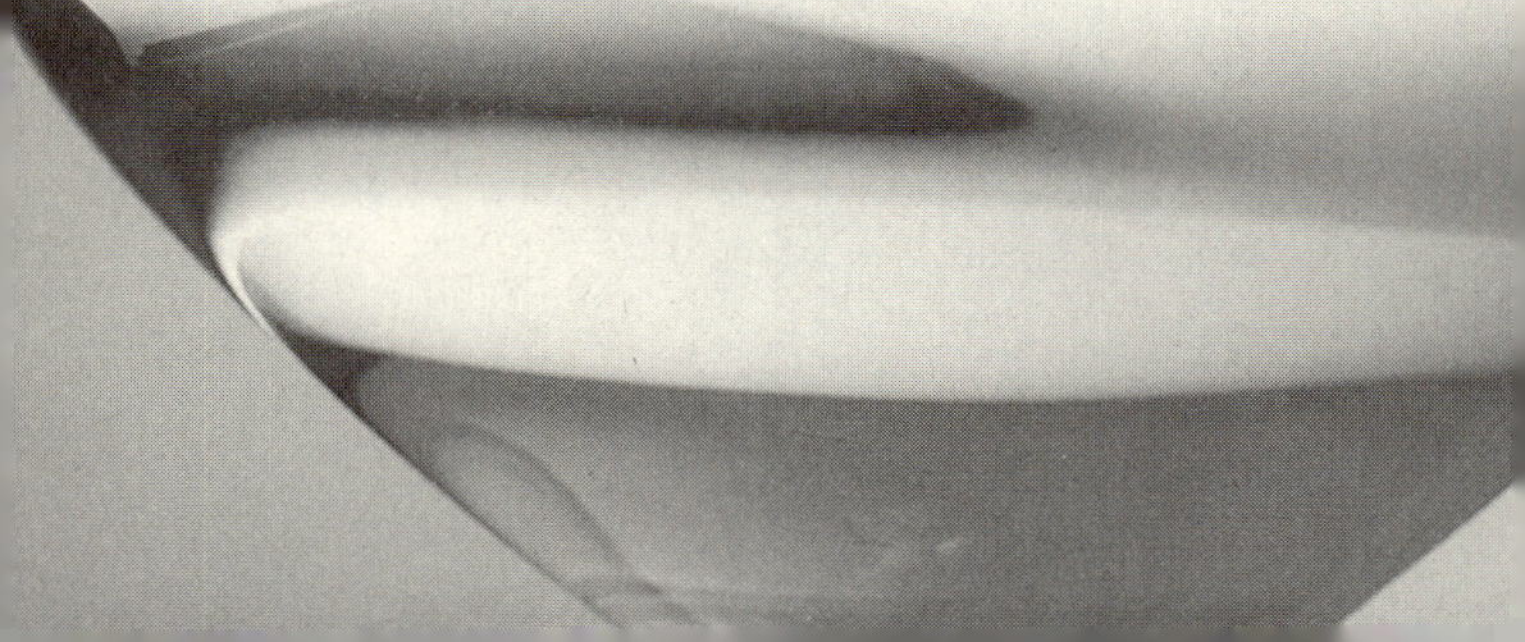

ワインが楽しく飲める本　目次

CONTENTS

CONTENTS

CONTENTS

PART1
ワインとはどんなお酒なのか

伝統あるお酒だが決して難しくはないワインの魅力

ワインはまだまだ発展途上のお酒

ポイントを知ればビギナーでも楽しめる

ワインの売り場やレストランのメニューにあるたくさんの銘柄を前にして、ビギナーであれば、お手上げの状態になるのは当然だ。悩んでも納得のいく決断ができず「やっぱりビールにしようか……」と、ワインを飲む機会すら逸《いっ》してしまう。原産国・銘柄・価格・味わい、何もかもが多様なワインの世界は、入り口を一歩踏み込むまでがたいへんだ。

そのためみんな「ワインは難しい」と思ってしまう。いわばビギナーの行く手をはばむ「ワインの壁」が存在するのだ。

しかしワインとは、ひと言で言えば「ブドウを原料にした酒」である。その一点だけなら、誰でもすぐに理解できるし、他人にも説明できる。そう割り切れれば、実はもうこれでワインの道へ一歩踏み込んだようなものなのだ。「ブドウだから甘いのがいいのでは」。これは立派な判断だ。飲んで「なるほどやはり甘い」と感じたら、自分の選択に納得できるだろう。「果実のブドウは甘い」という知識が、ワインを楽しむ手助けをしてくれたのだ。「ブドウには、渋味もあれば酸味もある……。ということは、そうした風味のワインもあるはず」と思えるようになれば、「ワインの壁」はなくなり、今度は迷路の入り口が開かれていくだろう。迷路の最大の楽しみは「迷うこと」。出口が容易に見つかる迷路ほどつまらないものはないのである。

　ワインには長い伝統がある。しかし、現在が完成形ではなく、今もまだ変化し続けている。ワインのこれからの可能性に関しては、誰もがビギナーと言ってもいいだろう。

　まずは迷路の分岐点で、自分なりの道を選ぶための基礎知識を紹介する。ブドウがどうして千差万別な個性を持ったワインとなるのか。チェックポイントはそれほど多くない。

ブドウのお酒が生まれたのはどこ?

ワインを飲むためにブドウ栽培は世界に広がった

■ワイン用のブドウには栽培できる気候条件がある

ブドウと人との関わりは、太古にまでさかのぼる。現在のイラン北部、コーカサス地方からメソポタミアには、氷河期を生き延びた野生のブドウが自生していた。新石器時代（紀元前九〇〇〇～四〇〇〇年）、すでにそこでは果汁を自然酵母で発酵させた原始的なワインが存在したと考えられている。この野生のブドウが、現在でもワインの原料とされているヨーロッパ・ブドウの原種である。

のちに北アメリカへ渡ったヨーロッパ人は、自生のブドウを発見。しかし特有の香りがヨーロッパ人の嗜好に合わず、ワイン以外の目的で栽培されるようになる。今栽培されているブドウは、このふたつの系統か、それを掛け合わせたものだ。

現在、ブドウは果物の中で有数の生産量を誇っている。実にその七～八割がワイン用の品種だが、その栽培に適した環境は限られている。年間の平均気温が十～二十度の暖かさ。年間の降水量が五百～九百ミリ程度。開花から収穫までの期間の日

◆ワイン用のブドウは西アジア原産のものがメイン

ワイン用は
西アジア原産
乾燥した土地で育ち糖度が高い。皮が厚く、種が多く、酸味がある。

照時間が千三百〜千五百時間程度。世界五十ヶ国のワイン生産地を見ると、北緯三十〜五十度、南緯二十〜四十度の中にほぼ収まっている。

ワイン用のブドウの特徴はその甘さで、果実の三分の一まで糖分が蓄積でき、さわやかな酸味をともなう。それらは栽培地の気候風土や土壌の性質により異なるが、品種改良や収穫方法の工夫でさらに際《きわ》だたせることができる。

ワインの原料となるブドウの主要品種は百種類以上もある。国際的に主流な十六種だけでも名前と特徴を覚えておこう。また、ワインの風味の第一印象となっているのは酸味、渋味、甘味、アルコールのバランスだ。まずはその違いに注意してみよう。

ワインはいつから飲まれているのか
ビンと栓の発明で誰でも飲めるようになった

■私たちが知る〝ワイン〟は十八世紀以降のスタイル

文明の歴史とともに歩んできたワインだが、その品質は長らく原料次第で、生産地の天候まかせのものだった。十七世紀になると蒸留技術の発達で高濃度のアルコールが普及し、チョコレートやコーヒーといった嗜好品も登場した。ワインの存在は決して別格で特別なものではなくなり、産業は危機をむかえる。

しかし、同時代の発明との出会いがその後のワインを大きく変えた。吹きガラスの技術で大量に生産できるようになったガラスのビンとコルクの栓。これらを用いた密閉容器に収めることで、ワインの保存期間は格段に延びたのだ。しかも保存し、年数を経ることでワインはその美味しさを増した。熟成を前提とした醸造技術の洗練、ブドウ栽培の工夫が重ねられ、ワインの品質は格段に向上。ビンの中で発泡し熟成する「シャンパーニュ」も、この時代の偶然の産物だと言われている。

十八世紀のボトルは、タマネギ型のどっしりしたデザイン。これが時間の進みと

◆ビンの形の変化がワインの保存と流通を変えた

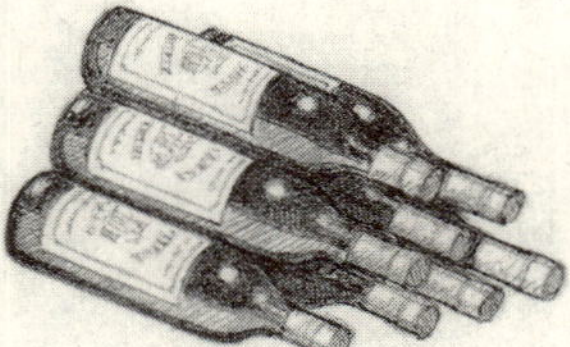

円筒型のビンは横に置いて重ねることができ、それによりコルク栓が湿るので保存性が高まった。

十八世紀はオニオン型

十九世紀は円筒型

ともにだんだんとスリムな筒状になり、現在のワインボトルと同様のものとなる。筒状のビンは横に重ねて置くことができるため、ワインの貯蔵と流通が容易になり、また寝かせることでコルクが湿り、保存性も高まった。ワインの品質はさらに向上し、国際的なワイン貿易も活発になっていく。

しかし十九世紀後半、ブドウの根に寄生する害虫により、ヨーロッパ全土のブドウ畑は壊滅の危機を迎える。このときに、ワインには不向きだったアメリカ原生のブドウの根に害虫への耐性があることが分かった。現在では被害を免《まぬが》れたチリをのぞく世界中のすべてのヨーロッパ・ブドウが、アメリカ原産のブドウの木を台木にして接《つ》ぎ木栽培されている。

同じ銘柄でも年により味が違うのはなぜ？

ワインづくりは原料のブドウの品質に左右される

■ワインの味はブドウ収穫の時点で決まっている

ワインの製造において最も重要とされるのが、収穫日の決定である。北半球では九月が収穫の時期（南半球では三月）。その日まで、ブドウ畑の管理は休むことなく続けられている。

冬の間に剪定《せんてい》や苗木づくりを行い、春から夏にかけては細かな生育管理を怠ってはならないのがブドウづくりの特徴である。

ワイン用のブドウを育てるには、あえて植物にとって厳しい環境をつくり、ブドウ果実に養分を集中させて糖度を高める必要がある。枝や葉に養分をとられて生い茂ってもいけなければ、果房がたわわに実りすぎてもいけないなど、とても難しい。もちろん通年の気象条件も大きく影響する。

そしてその苦労も収穫日を見誤ると、ワインづくりに最適な原料を手に入れることには結びつかない。ブドウが熟すのを待ち、カビの被害や収穫後の劣化を最小限

◆ワインの作り方　⇨白ワイン　➡ロゼワイン　➡赤ワイン

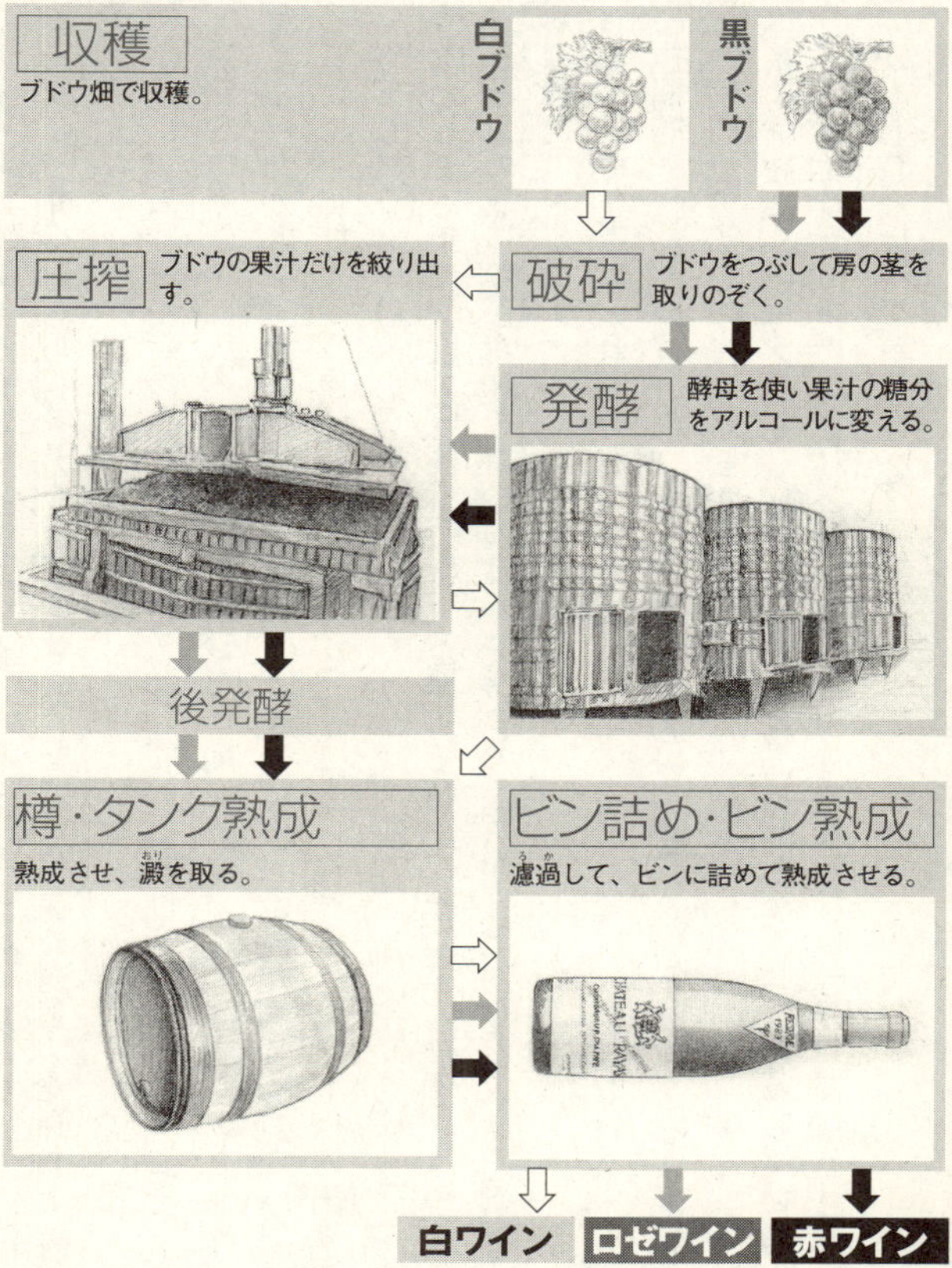
収穫
ブドウ畑で収穫。
白ブドウ
黒ブドウ
破砕
ブドウをつぶして房の茎を取りのぞく。
圧搾
ブドウの果汁だけを絞り出す。
発酵
酵母を使い果汁の糖分をアルコールに変える。
後発酵
樽・タンク熟成
熟成させ、澱《おり》を取る。
ビン詰め・ビン熟成
濾過《ろか》して、ビンに詰めて熟成させる。
白ワイン
ロゼワイン
赤ワイン

おさえるために、天候を見極める必要がある。しかもブドウ畑全体の収穫を短期間で終えるために必要な労働力を確保しなければならない。

このように、天候まかせの農業とビジネスとしての計画性を両立させてこそ、はじめて良質な原料が手に入るのだ。何かがひとつ崩れるだけで、ワインの仕上がりに影響する。しかし、通年の天候の変化は、どんなに優れた醸造家でもコントロールすることは不可能だ。人為的にはすべてが完璧でも、自然条件でブドウの出来が悪くなってしまう確率は高い。

そうだとしても年に一度の収穫で手に入る原料でしか、その年のワインはつくれない。ワインの醸造年が意味を持つのは、原材料の品質が仕上がりに大きく影響するからなのだ。

良質なブドウを手に入れ、それをむだなく活用するためには、収穫も仕込みも同時期に短期間で行わなければいけない。一年をかけた畑や熟成の管理も重要だが、この短い期間でワインの良し悪しが決まる。

ラベルのデザインにワインが醸造された年を重要な要素として記載しているのは、一年に一度のチャンスに全力をかたむけた、醸造家たちの自負の表れと言ってもいいかもしれない。

■ブドウの果汁がワインになる仕組み

ワインをつくる人を「醸造家」と呼ぶ。醸造とは、発酵の力で食品をつくる技術のこと。ブドウの果汁に含まれる糖分を酵母菌が食べるとアルコールになる。この自然現象が「発酵」である。

日本酒もビールもワインも「醸造酒」だ。日本酒の場合、原料の米はデンプンなので、そのままでは酵母菌は食べられない。そこで麹《こうじ》菌によってデンプンを糖化させてから酵母菌に食べさせる。

やはりデンプンが主成分の麦を原料にしたビールでは、発芽させて麦芽にすることで成分を糖化させている。

糖化の作業がともなわないワインづくりでは、原料のブドウの果汁が持っている糖度がそのまま発酵に影響を与えるので、ブドウの成育期間や収穫後の管理が重要になるのだ。

そこで生育段階で房を減らしたり、粒を減らしたりして、ブドウひと粒ずつの糖度を上げるための地道な手作業も行われている。糖度が高いほど発酵は活発に行われ、アルコール度数も高くなる。

ブドウの品質が今ほどよくなかった時代では、糖度を上げるために糖分の添加が普通に行われることもあった。

仕込みの段階で糖分を添加したものと、ブドウ果汁による糖分だけのものとでは、仕上がりの品質も大きく違ってくる。発酵によってブドウ果汁の甘味であった糖分は、酵母に食べられてしまう。ワインがブドウジュースのように甘くないのはそのためだ。

赤ワインには、ブドウの房をくだき、皮や種も混ざったままの果汁に酵母を加えて発酵させていく過程がある。これにより、皮からの色素や香りの成分も抽出できるのだ。一方、白ワインの場合は、くだいたあとに果汁だけをしぼって発酵させている。白ワインの醸造では、発酵を早めに切り上げることでワインの甘味を強く残す場合もある。

発酵によってつくりだされたワインにはリンゴ酸が含まれていて、その鋭い酸味が残っている。これを乳酸菌の働きでまろやかな乳酸に変えるのがマロラクティック発酵だ。

これはタンクや樽での熟成段階で起きる現象で、この際に微量の炭酸ガスも生じる。ただしボジョレー・ヌーヴォーでは行われないため、酸味の強い風味が残るようになる。白ワインでは酸味をどう残すかによって、マロラクティック発酵を行うか否かの調整がされている。

いずれにせよ発酵は仕込みの段階で終えていないと、ビン詰め後も発酵が進み、品質劣化の原因になる。

■ビン詰め後も熟成は続くのか

醸造元での熟成期間には、一定の基準が定められている。これはタンパク質や発酵が終わって役目がなくなった酵母などを取りのぞく必要があるからだ。そのため樽やタンクを詰め替えることによりワイン内部の沈殿物を取りのぞく「澱引き」と呼ばれている工程がある。こうして熟成されたワインは、出荷のため、ビン詰め直前に軽く濾過《ろか》をする。

このあとに低温での長期熟成を必要とする高級ワインの場合、醸造元での「ビン熟」が行われる。ビンに詰めてコルクで栓をし、そのまま冷暗所で熟成をさせるものだ。風味を深めるのが目的であるものの、最近ではそうしたビン熟のものは数を減らす傾向にある。

醸造元は飲み頃のワインを出荷するために、出荷まで万全の品質管理を心がけている。その意味では、醸造元が考えるワインの熟成は、出荷段階までという考え方もできる。

買ってからさらなる熟成を待つには温度管理などの保管環境が必要だ。昼夜の室温の変化があるところでは、ワイン専用の保冷庫が必要。最低限、振動がなく、温度差が少ない場所での保管をおすすめする。醸造元、流通、小売りのどの段階でも品質管理が徹底され、はじめて醸造家の狙った風味を味わうことができるのだ。

ワインにはどんな種類があるのか

赤・白・ロゼだけじゃないワインの世界

■ワイン売り場の棚はそのままワイン図鑑である

ワインとは、どんな酒か。赤・白・ロゼは原材料と製法によって色みや味が異なる。そして銘柄ごとに、醸造家のワインづくりの思惑が隠れている。これらを確かめるために、一本購入してみよう。ワインを購入したことがない方には、百貨店やワインセラーのある酒販店など品揃えの豊富な店をおすすめしたい。それは、頭で描いたワインの世界を視覚的に理解するのに最適の場所だからだ。

まずはワイン売り場を見渡してみる。棚を埋めつくすボトルの数々。しかし品数が多い店ほど、その分類は赤・白・ロゼ、といった「色分け」だけではない。ワインはまず「生産国別」で分類されていることが多い。フランス、イタリア、スペインはワインの歴史も古く生産量も世界有数。アメリカ、ドイツ、オーストラリアも輸出に力を入れている生産国だ。日本では、それら世界中のワインを飲むことができる。ワイン売り場の棚は、無秩序に並んでいるのではなく分類されているのだか

◆ワイン売り場にはさまざまなワインが並んでいる

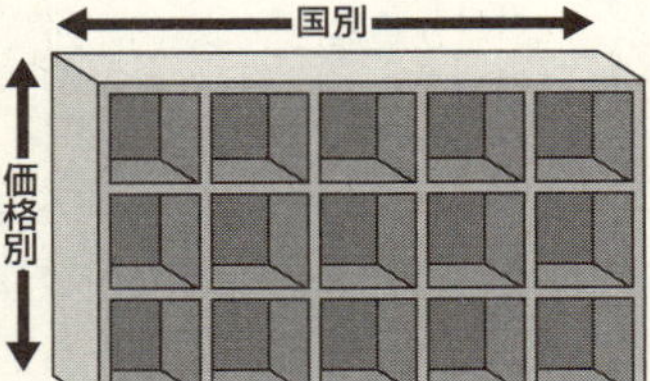

一般的にワイン売り場の棚は、国別に分類されていることが多い。ワインの専門店であれば、さらにその中で地域別に分類。そのうえで価格帯毎に棚を設定している。まず国を決め、価格を定めれば比較対照の銘柄はかなりしぼり込まれる。予算が前提なら価格帯を見比べてみるのもいいだろう。

ら、迷ったならまず国を選ぶ。そうすれば、選択肢はかなりしぼり込まれる。

次に注目したいのが価格帯で、千円未満のものからせいぜい数千円のものまで置かれている。それ以上の価格のものは、別コーナーにある場合が多い。試しに買う一本であればお手軽な千円から二千円台、プレゼント用ならさらに上の価格、そんなふうに予算と相談すれば、集中して検討する棚も決まってくる。あらかじめ予算を決めておくことも、ワイン選びを円滑にする重要なポイントだ。

ここまでなら、それぞれのボトルのラベルを見なくても、棚の表示だけでしぼり込める。知識がなくても、膨大な銘柄の中からワインを選択することはできるのだ。

■甘い、辛い、重い、軽い……風味の違いを比べてみる

さて、いよいよ銘柄を選ぶわけだが、表面のラベル（エチケットと呼ぶ）を見比べてもさっぱり違いが分からない場合はどうすればいいのか。気になるデザインのものを選ぶ、というのもひとつの手だが、比較検討をしたいのであればボトルの裏側を見てみよう。輸入販売元による日本語のラベルを見れば、「甘口・辛口」「重い・軽い」といった特徴が書かれている。まずは一本を確かめ、次にもう一本を見てみる。その二本を見比べ、一本を選ぶ。次にまた別の一本を選び見比べる……。

すでに棚の範囲は絞り込まれているので、数本で比較検討は終わるはずだ。その手にした一本の購入を決断する。そして自分が手にしたワインについて知っている

ことを確認してみる。「フランス産の二千八百円の赤ワイン。味は辛口で風味は重い。ミディアムボディと表記」。今日はじめて手にしたワインなのに、それぐらいのことが把握できるのだ。

■ワインは、銘柄の数だけ種類がある

ワインを知ろうとするときに、専門書を読破し、有名銘柄を片っ端から丸暗記してみるのも有意義なことだ。長い年月をかけて生み出された世界中のワインに関する情報を知ることは、ワインをより一層豊かに楽しむのに役立つからだ。

身近な場所で目にするワインを楽しむのなら、知識の再確認だけでなく、試して確かめる気軽さも必要だ。生産国・価格帯・味と風味。この三つのポイントで判断し、前述のように「自分で選んだ」ワインを飲んでみる。

「フランス産の赤ワイン」であることに間違いはない。しかし、味や風味に対して、はたして自分も同じ印象を持つかどうか。結果としての満足度が価格と折り合うかどうか。その経験を覚えておくことが、ワインを楽しむ次の機会につながる。

同じ国でも地域によって、製法が異なる場合もある。同じ地域でも畑や醸造家、さらには生産年でワインの風味は違ってくる。ワインの種類は銘柄の数だけ、ボトルの数だけあるとも言える。その中から選んだ一本がどんなワインだったかを胸にきざむこと。その積み重ねが、ワインの経験を豊かで実りあるものにしていく。

シャンパーニュとスパークリングワインの違いとは

シャンパーニュも発泡性ワインのひとつ

■スパークリングワインの製法はいろいろある

華やかな泡立ち、キリリとした飲み口、すっきりとしたのどごし。パーティーや食事のスタートを飾る乾杯や、ちょっと豪華な気分を楽しみたいときに、スパークリングワインは欠かせない存在だ。このスパークリングワインには、さまざまな種類がある。どっしりと厚手のビン、大きなコルク、それをとめる針金。一見、他のワインと違い、スパークリングワインには国境を越えた統一感があるように見える。しかし価格はさまざまだ。その違いはどこを見ればいいのだろうか。

スパークリングワインの違いはその製法にある。最も手間のかかるやり方が「ビン内二次発酵法」だ。発酵を終えたワインをビンに詰める。このとき、新たに糖分と酵母を加え、ビンの中で二次発酵をおこさせる。フランスのシャンパーニュ（いわゆるシャンパン）がこの方式（別名トラディショナル方式）だ。手間になるのは、二次発酵後、熟成を終えたビンの中に発生する澱《おり》を取り除かなければいけないことで

◆発泡性ワインの開栓の仕方

1
開栓直前まで冷やしておく。

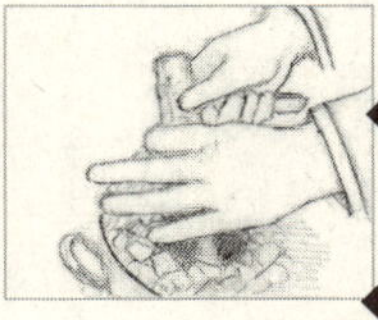

2
切り取り線からキャップシールを切り、はがす。

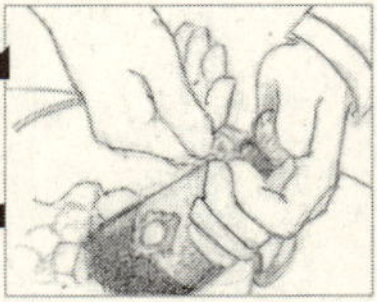

3
針金を外すとコルクが押し出されてくることもあるので、しっかりと親指で押さえておく。

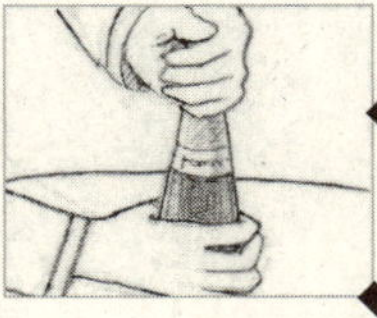

4
テーブルなど安定した場所に置き、コルクを押さえながらビンを回していく。

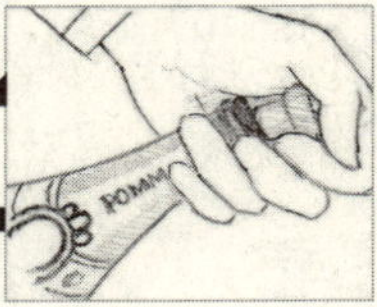

5
コルクが一気に抜けないよう、押し出す力を調整する。

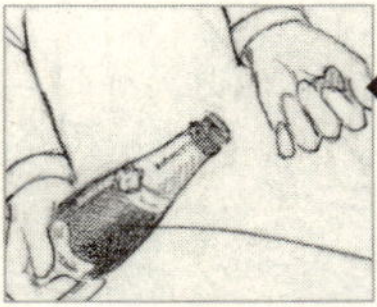

6
最後はコルクをななめに倒しながら静かに抜く。

7
グラスに注ぐときも静かに、泡が落ち着いてから注ぎ足す。

× 悪い例 ×

ポーンと勢いよく栓を抜くと、ガスと一緒にワインそのものも吹き出す。ビンに残ったワインも風味が落ちる。

ある。

ビンをひねりながら少しずつ底を持ち上げ、最後は倒立させて澱をビンの口側に沈殿させてためるのだ。これを「ルミアージュ（動瓶）」と呼ぶ。瓶の口をマイナス二十度に冷却し、澱をとりのぞく「滓抜《かすぬ》き（デゴルジュマン）」を行うと、炭酸ガスを損なうことなく澄み切ったシャンパーニュができあがる。

この作業を簡略化し、ビンの中ではなく、タンクの中で第二次発酵を行う「シャルマ法」もある。泡のきめ細やかさや熟成の風味は、ビン内二次発酵のものには及ばないが、スパークリングワインを大量に生産できるので価格は安価となる。

他にも、動瓶と滓抜きを簡略してつくる「トランスファー方式」、ビンに入ったワインへ炭酸ガスを吹き込んでつくる「炭酸ガス注入方式」などもある。注入された炭酸ガスは、泡が大きく、シャンパーニュにほど遠い。

■シャンパーニュはなぜ特別なのか

シャンパーニュは、フランスのシャンパーニュ地方でのみつくられる。しかも原料のブドウから製造工程まで厳しい基準が設けられ、その規定にはずれたものは「シャンパーニュ」を名乗ることはできない。ビン内二次発酵法を用いたスパークリングワインは、フランス以外にもイタリアの「メトード・クラッシコのスプマンテ」、ドイツの「フラッシェンゲールングのゼクト（一九九四年以降のもの）」、スペインの「カヴァ」などがある。しかし、シャンパーニュのみが「シャンパーニュ方式」という製法での表記がされている。

シャンパーニュ地方のワインは、十七世紀の頃は、フランスのローカルな銘柄だった。ワイン産地の最北端にあり、酸味の強いのが特徴だった。樽詰めのまま輸出された英国で、ビンに移し替えられていたのだが、それがビン内二次発酵を起こしてしまったのだ。しかし、強い酸味は発泡により華やかな切れ味となり、その飲み口が英国人に好評だったことが、スパークリングワインの誕生するきっかけになった。

以後、シャンパーニュは、スパークリングワインづくりの技術を洗練させていく。最高級のシャンパーニュとして知られる「ドン・ペリニヨン」は、シャンパーニュ誕生二百五十年を記念して一九三六年につくられたものだ。

■シャンパーニュは辛口も甘口もある

そのときどきのシーンや料理に合わせてシャンパーニュを選ぶなら、その甘辛度で選んでみるといいだろう。リキュールの添加が多いほど甘くなる。表示は、辛→甘の度合いの順に、Brut Nature（ブリュット・ナチュール）、Extra Brut（エクストラ・ブリュット）、Extra Dry（エクストラ・ドライ）、Brut（ブリュット）、Sec（セック）、Demi-Sec（ドゥミ・セック）、Doux（ドゥー）がある。

貴腐ワインとはどんなワイン？

カビたブドウからつくる甘いワイン

■食後のデザートにも合う高級ワイン

農産物全般において被害の原因となるカビを、ワインづくりに取り入れている例がある。ブドウの実にカビがつくと皮がうすくなり、目には見えない小さな傷（穴）がつき、実の中の水分が空気中に蒸発してしまう。成熟する前の成長過程であれば、房の生育自体が被害を受けるが、完熟した実の場合は干しブドウの状態になり、水分が減った分だけ糖分が凝縮され、とても糖度の高いワインの原料となるのだ。

これはたまたま栽培に失敗したブドウの有効活用ではない。果実自体が十分な糖度を持ち腐敗を起こさないことと、カビが育つ明け方の霧による湿度、カビの増殖を抑え水分蒸発を促進する日中の日差しなど、厳しい条件が必要な栽培方法だ。ブドウの管理はもちろん、栽培地の選定も重要で、手間もかかるものなのだ。

こうして糖度を増したブドウを「貴腐ブドウ」、このブドウを原料にしてつくられたワインを「貴腐ワイン」と呼ぶ。

◆いろいろな甘口ワイン

■貴腐ワイン

カビによる水分蒸発で糖度を高めたブドウからつくる。例外的に貴腐菌を用いずに乾燥した過熱ブドウを使うものも含む。アルコール度数は5.5度以上。

■ポートワイン

発酵の途中でアルコール度数が高いブランデーを添加することで発酵を止める。原料の糖分に由来し、自然な甘味が残る。

■アイスヴァイン（アイスワイン）

寒冷地で栽培されたブドウを凍結した状態（マイナス7度以下）で収穫。これをつぶすと水分が氷としてとりのぞかれ、糖度の高い果汁が得られる。通常、収穫は翌年。アルコール度数は5.5度以上。

カビのつき具合で糖度の高さが決まる。ブドウは房ごとに、ときには粒ごとに選別されるため、収穫量はきわめて少ない。

また、糖度の高い原料の発酵は低温下でじっくり時間をかけるために、製造コストはさらに高くなる。貴腐ワインが高価なのはそのためだ。

その芳醇《ほうじゅん》な甘さはチョコレートやクリームにも合うので、コース料理の最後にデザートとともに楽しむデザート・ワインとしても愛飲されている。

誕生したのはハンガリーのトカイとされ、アスー・エッセンシヤ、ドイツのトロッケンベーレンアウスレーゼ、フランスのソーテルヌ地区のシャトー・ディケムとあわせて世界三大貴腐ワインと呼ばれている。

ブドウからつくられるお酒はほかにもある？

スペインのシェリーもワインの仲間

■ワインを蒸留した酒の誕生

ブドウを使った醸造酒は、酵母菌の働きにより糖分をアルコールに変える。ブドウの糖度が高ければ高いほど、アルコール度数の高いワインとなる。

アルコール度数の高さは人を酔わせるだけでなく、保存性も高める。ワインは、ビールよりもアルコール度数が高く比較的保存性に優れた飲み物だったが、ビンやコルクといった密閉容器が発明されるまでは、それにも限界はあった。

よりアルコール度数の高い酒づくりは重要な課題であり、それに取り組んだのが、時の権力者のもとで研究に没頭していた錬金術師（聖職者）たちだ。彼らが注目したのは蒸留の仕組みだった。蒸留器自体は、ギリシャ時代の発明とされている。錬金術師たちは、ワインづくりに失敗したワインを実験台にして蒸留器にかけてみた。すると、高アルコール度で保存性に優れた蒸留酒が誕生した。これをワインに添加することで保存性を高めることに成功したのだ。

◆シェリーのつくり方

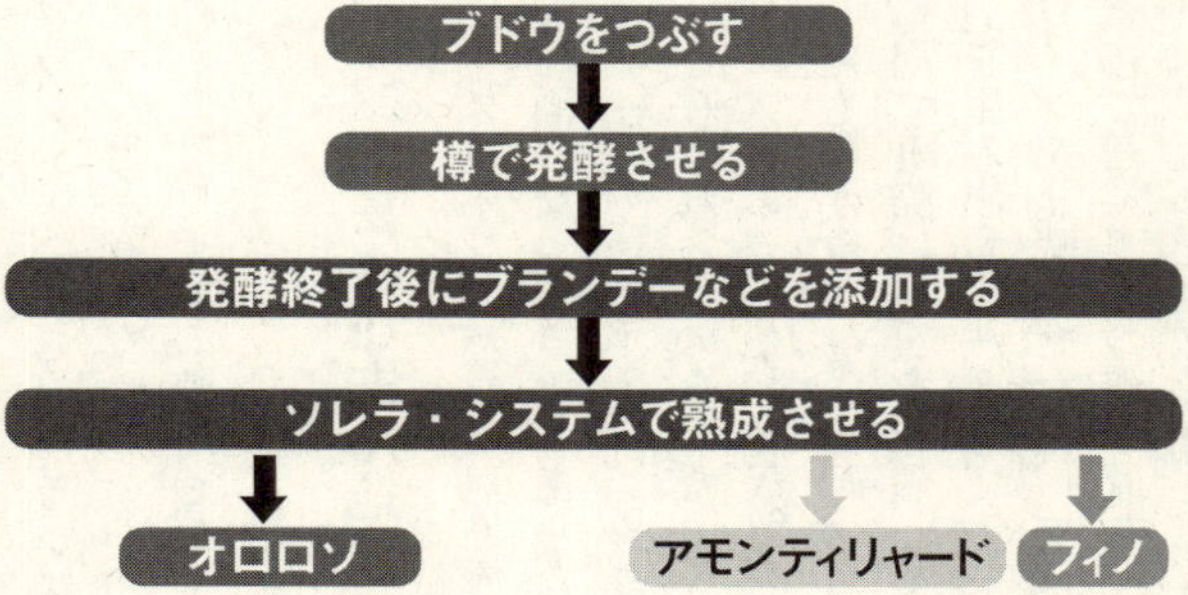

■ フィノ

発酵の際、樽の空間にできる酵母の膜に由来する、アーモンドの風味が特徴。軽く、すっきりした辛口で、アルコール15度以上。

■ アモンティリャード

フィノを長期に熟成させたもので、口当たりはまろやか。ナッツの風味がする。アルコール15度以上。

■ オロロソ

アルコールを強化して酸化させたワイン。強烈な香りとデリケートなコクのある辛口と、甘口ワインを添加した甘口がある。アルコール17度以上。

ワインを蒸留してできた高アルコール度数の酒を、さらに樽で寝かせて熟成させたのがブランデーである。フランス産のブランデーは、「コニャック」や「アルマニャック」などが有名だ。

そのほかにはワインの製造過程で果汁をしぼったあとのブドウを使うイタリアの「グラッパ」や、フランスの「マール」などがある。

■スペインの暑さが生んだシェリー

日本にもスペインのバル（居酒屋）に似た立ち飲み屋が増えるにつれて、シェリーが身近な酒となってきた。あらためてシェリーとは何かと聞かれるととまどうかもしれないが、シェリーもれっきとしたワインの種類である。これは「酒精強化《しゅせいきょうか》ワイン」と呼ばれるものなのだ。

ワインにブランデーなどの蒸留酒を添加して保存性を高め、熟成させて独特の風味を出したものがシェリーと呼ばれる。もともとは十八世紀、スペイン産ワインを英国へ輸出する際に品質を管理していく中から生まれた方法だったが、やがて個性豊かな酒を生み出す製法として工夫されていった。

樽でワインを発酵させた後、ブランデーなどが添加された新酒は、熟成庫へ運ばれる。そして三～四段の樽の最上段に入れられ、以後二段目、三段目へと移し替えられていく。これを「ソレラ・システム」と呼ぶ。樽の詰め替えを繰り返す貯蔵法で熟成させていくのだ。最下段にある樽の中から一年間に約三分の一の量を取り出して調合し、アルコール度数を調整してビン詰めされる。

酒精強化ワインには、ほかにもスペインのアンダルシア地方でつくられる「マラガ」、ポルトガルの「ポートワイン」、アフリカ・ポルトガル領の島でつくられる「マディラ」などがある。

■健康にもいいワインベースの混成酒

ワインに薬草、果実、甘味料、エッセンスなどを加え、独特な風味を添加したものを混成酒と呼ぶ。フレーヴァード・ワインとも言う。

イタリアの「ヴェルモット」は白ワインをベースにして、ハーブやスパイス、アルコールを添加したものである。古くから薬効があると言われ、上流階級の間で珍重されてきた。十八世紀になって製品化されるようになり、「チンザノ」の銘柄は日本でもよく知られている。

フランス産のヴェルモットではハーブの調合家が考案した「ノイリー・プラット」がある。北米に最初に輸入されたヴェルモットであり、カクテル「マティーニ」に最初に使われた銘柄だ。

スペインでは赤や白のワインにリンゴやオレンジなどの果物のスライスと砂糖を加えた「サングリア」が、一般家庭でもつくられるポピュラーな混成酒だ。

「シャトー」とはどんな意味？

ブドウ栽培から醸造・貯蔵まで可能なワイナリー

■一括管理が可能にした高品質なワインづくり

「名前に『シャトー』がついたワインは、どことなく高そうだ。ラベルにも城のような絵が入れられているものが多い」

このようにシャトーのワインを高級と感じるのは、著名なワインにその名が多いためだろう。シャトーとは、文字通り「城」のこと。フランス国内でも有数のワイン生産地であるボルドー地方は、かつて英国領だった。広大なブドウ農園を持ち、ワインを醸造していた領主たちが、そのワインに自分の城の名前をつけたのが始まりである。

原料であるブドウを自ら栽培することでその品質を管理して最適な収穫を行い、品質に合った醸造技術を工夫しながら熟成にこだわり、収穫物の管理からビン詰めまで責任を持って行う。ワインづくりの全工程を一括管理できる体制が、ボルドー地方をワイン王国フランスにあって特別な存在にしている。

◆シャトーとドメーヌ

■シャトー

ボルドー地方でブドウ農園を持ち、自らワインをつくっている醸造所。

■ドメーヌ

ブルゴーニュ地方で使われる用語で、やはり自ら栽培したブドウを使いワインをつくっている醸造所。フランス語で「所有地」「財産」を意味している。

■ネゴシアン

ワイン商。他から原料のブドウを買いつけワインを醸造したり、ワインそのものを買いつけてブレンドしたりして販売する業者。自らのブドウ園を持つネゴシアンも多い。

現在は領主でなく、品質管理の高さを自負する各ワインメーカーがシャトーを名乗っている。事実ボルドー地方は、フランスのＡＯＣ（品質評価が高い）ワイン全体の約二十六パーセントを生産している。

シャトーの数は、ボルドー全体で八千あるとも言われている。独自性を持ったワイナリーも多いのは確かだが、「シャトー」イコール「いいワイン」というのは早計だろう。

ボルドー地方独自の格付けもあり、メドック地区では一八五五年に一級から五級まで、六十のシャトーが格付けされている。現在ではその下に「ブルジョア級」と呼ぶ格付けがあり、手頃な価格で品質の良いワインを選ぶ目安として普及している。

ワインの値段はどうやって決まる？
価格の高いものが「いいもの」ではない

■需要と供給のバランスが付加価値をつける

特定の銘柄がどうしても飲みたいというのでなければ、ワインを買う場合の前提は予算だ。

たとえば親しい友人の家に呼ばれたとき、土産に持っていくとしたらいくらぐらいのワインを考えるだろうか。千円台では気が引けるだろうか。一万円を超えても当然と思うだろうか。

日本ではまだまだワインは高級酒であり、価格が高いものがいいものというイメージの人が多いようだ。

しかし、高額なワインの価格には、原材料や醸造の手間などのコストに加え、需要が高くて品薄という流通の事情が影響していることが多い。ある銘柄のある年のワインが少量しかないのに、どうしても飲みたいという人がいるからこそ、数十万円の値段がつくこともあるのだ。

一定の品質を維持しながら大量生産を行い、価格を抑えたワインも多い。高ければいい、必ず美味しいというわけではないのだ。

一般の店なら原価の三倍程度が良心的

レストランのワインが高い理由

■価格は美味しさを保つための管理費

ごく普通のレストランで飲んだワインが、近くのスーパーでよく見かける千円程度のものであるのに、その三倍から四倍もの値段だった。そんな経験をした人もいるのではないだろうか。同じ醸造酒であるワインとビールの価格差を比較すると、何とも高い印象だ。

フランスのレストランでは市場価格の三倍程度を目安として、お客にワインを提供しているそうだ。しかし、レストランのメインは料理であり、価格が高騰するフランスワインでは高品質なものの提供が難しいため、スペイン産ワインに切り替える店も多いという。

いずれにせよそれはワインセラーに幅広い銘柄を貯蔵し、ソムリエによるきめ細かな提案力を持つ高級レストランの話だ。

一般的なレストランであれば、同じ醸造酒であるビールの価格と同様に考え、二倍の値段までがアルコール提供の上では良心的と言えるだろう。もちろんこだわりの銘柄をしっかりそろえている店の場合はまた別だ。

コルクやスクリューキャップの栓があるのはなぜ？

風味や品質をどう保つかで栓も変わる

■品質管理に優れた樹脂のコルク型栓も増えている

ワインボトルの栓といえば、コルクが思い浮かぶ。ときに手強《てごわ》く口をふさぎ、まれに途中で折れたとしてもワインだからと妙に納得を呼び、自身の栓を抜く技術のなさを反省さえさせるものだ。しかし、このコルク栓は、ワイン業界では存亡の危機を迎えつつある。

原料であるコルクオークの樹皮の供給不足も原因だが、コルク自体の品質により、時間とともに劣化したり、カビの影響で不快な「コルク臭」を発生させたりと、一定の割合で劣化によりワインの不良が発生するからだ。原材料不足解消のために接着剤でかためた圧縮コルクも、この問題解決には何の効果もない。

コルクの最大のメリットは、湿らせることで高い密閉性を保ち、ワインの長期保存を可能にする点だ。しかし、近年の消費傾向は、年数を置いたものを味わうよりも醸造後数年以内での消費が主流となっている。

◆樹脂やスクリューキャップの栓が急増

コルク栓

栓が折れることも

原料の不足によって生産量が減り、低品質のものも増えている。

樹脂タイプ

するりと抜ける

「シリコンとの二重」構造で、通気性のあるものも出ている。

スクリューキャップ

保存性に優れている

再度栓ができて便利だが、「安物」のイメージが根強い。

一般的に安価なワインの印象があるスクリューキャップは、短い年数であればコルクよりも密閉性に優れ、しかも家庭で再度栓が閉じられるので利便性も高い。

そのためオーストラリアなどのワイン新興国では、スクリューキャップを採用する例も増えている。

しかし、ワインを飲もうというおごそかでワクワクする高揚感は、コルクの開栓という儀式ぬきでは味わえない。スクリューキャップが実現する手軽さよりも、雰囲気への需要の方がまだまだ強いのが実情だ。

そこで合成樹脂を用いたコルクも急速に普及している。コルク臭の心配や、折れる危険がない。また、通気性のある人工コルクも開発されている。

失敗しないワインの選び方

買うまでの状態を知ることで失敗を防ぐ

■自分のソムリエ、自分のワインセラーになる店を見つける

相当なワインマニアでもないかぎり、飲む頻度や手にする銘柄数は限られている。そんな中で、「いろいろ試したい」「美味しいワインを飲みたい」という思いは日に日に増していくものだ。しかし、個人の努力でその思いを満足させることは難しい。

そこで大切なのが販売店を上手に活用することだ。知識が先行すると情報優先で銘柄買いにこだわり、インターネット通販や専門店の店頭をめぐっても決まった銘柄のチェックばかりになりがちだ。

たとえ知識があっても、逆になくても、店員に何かを聞くのはためらってしまうものだ。しかしそれでは新しいワインとの出会いは、なかなか望めない。

ワイン売り場のスタッフは、日々知識を増やそうと提案の腕を磨いている専門家である。その実力を披露する機会を提供してくれる客に対して、疎《うと》むことなどはない。堂々と、これも店員のためだと思って声をかけよう。

◆店頭でワインを選ぶチェックポイント

☑ コルクの周辺

コルクの劣化や輸送時の取り扱いで液漏れを起こしていないかを確認する。とくに温度管理が雑だった場合は、コルクのカビ、ワインの劣化の原因になる。キャップシールをそっとさわり、コルクが飛びだしていないか、べとついていないかなどを確かめる。もちろんキャップシールをめくったり、コルクを押したりしてはいけない。

☑ ラベルの周辺

日本人は中身の品質よりもパッケージの汚れやへこみを過度に気にすると言われる。だが、ラベルの端が切れているだけでは、中身の品質に影響はないので心配はいらない。ただし液漏れによって汚れたあとがある場合は、敬遠した方がいいだろう。

☑ ワインの周辺

ワインは店頭で立てて置いてあっても、年数が浅いものであればとくに問題はない。通常の室内照明でも紫外線は含まれているので、棚で並べる形式のものの方が安心。しかし、木箱で平置きでも回転の早い方がむしろ評価できる。

☑ 表示の周辺

棚やPOPの説明文と商品のヴィンテージが同じかどうか。

☑ ワインセラーの有無

高額商品に関しては、ワインセラーか専用の冷蔵設備が完備されているところで購入する。

このとき、胸にソムリエのようなブドウの房のバッジをつけているスタッフはかなり心強い。飲食店のソムリエ同様に、ワインの輸入・販売業者を対象にしたワインアドバイザーの資格を持っていることの証明だからだ。

さて、十中八九、店員は「本日は何かお探しですか?」と聞いてくる。注意するべきは、まちがっても製造年や銘柄を指定して在庫の有無を問うようなことをしてはいけないということだ。それだけなら電話でもすむ話である。

知識のないビギナーなら、この時点で店を出たくなるかもしれない。しかし、返事は簡単だ。「家で飲むワインを買っていこうと思って」か、もしくは「プレゼント用のワインはないかなと思って」で十分だ。あとの質問は向こうが考えてくれるし、答えはその先にやがて現れるはずだ。

大切なのは情報の整理で、ワインを飲む人の好み、予算、できれば今までに飲んだワインの中で印象に残っている例などがあるとさらによい。

店員から何かしらの提案があり、それから選んで購入する。しかし、そこで終わりではない。もしもそのワインが気に入ったのであれば、近日中に再度店をたずね、その店員に声をかけよう。予算があれば、再度、購入の相談をするのもいいだろう。また、反対に気に入らなかった場合には店を訪れてその理由を述べ、違うワインの提案を求めてみるのもいいだろう。後者はかなり勇気がいるかもしれないが……。

そうした関係が持てれば、もはやその店員は、あなた専属のソムリエであり、その店全体があなた専用のワインセラーとも言えるのだ。

■店頭の状況をチェックしよう

店内に専門スタッフが見当たらないものの、価格帯も生産国も品揃えが充実している場合は、店頭の状況をチェックしてみよう。

たとえば、ワイン売り場が直射日光にさらされていないか。外へのアピール重視でショーウインドウのごとくワインボトルが陽を浴びていたら、品質はあまり期待できない。手頃な価格帯の品揃えであれば、ワインセラーの有無までは求めなくてもいいだろう。しかし、室温が上がりすぎていそうな環境は避けた方が無難だ。

逆に評価するポイントは、頻繁に足を運んで棚を確認したとき、品物の動きが早いこと。店頭での品質劣化が少ないと言えるからだ。また、それだけリピーターの評価があるワインを提案しているという証拠でもある。

そうした店では、ただ品揃えが豊富なだけでなく、店員自作のPOPもこまめにつくられているものだ。印刷された今月のおすすめや雑誌のコピーだけでなく、実際に飲んだ感想や思いが書き込まれている場合、大きな失敗は少ないだろう。

ただし、説明が詳しくてもPOPで紹介しているヴィンテージが店頭のものと異なる場合、単に前任者の遺産を活用していることもあるので大きな期待はしない方がいいかもしれない。

ワインボトルの形が違うのはなぜ？

国や産地により異なるボトルの形

■ボトルにはワインを美味しく飲むための機能がある

ワインボトルにはさまざまな形があるが、その多くは長いワインづくりの年月で培《つちか》った技術的な理由や産地の特性からのものである。その意味でワインのボトルから、飲んだときの風味を想定できる場合もある。

よく見かけるのが、いかり肩のボルドー型となで肩のブルゴーニュ型だ。見た目の印象でも、ボルドー型はしっかりとした重々しさがあり、ブルゴーニュ型には軽快さがある。

ボルドー型のボトルは静かにかたむけてワインを注いだときに、中にある澱をいかり肩の部分で受け止めて、グラスに混入するのを防いでくれる。同じフランス産赤ワインであっても、軽くやわらかいブルゴーニュ産に対してボルドー産は渋味が強く、味わいもしっかりしている。そしてビン詰め後に成分の結晶化による澱が沈殿しやすいのが特徴だ。

◆産地別のボトルの特徴

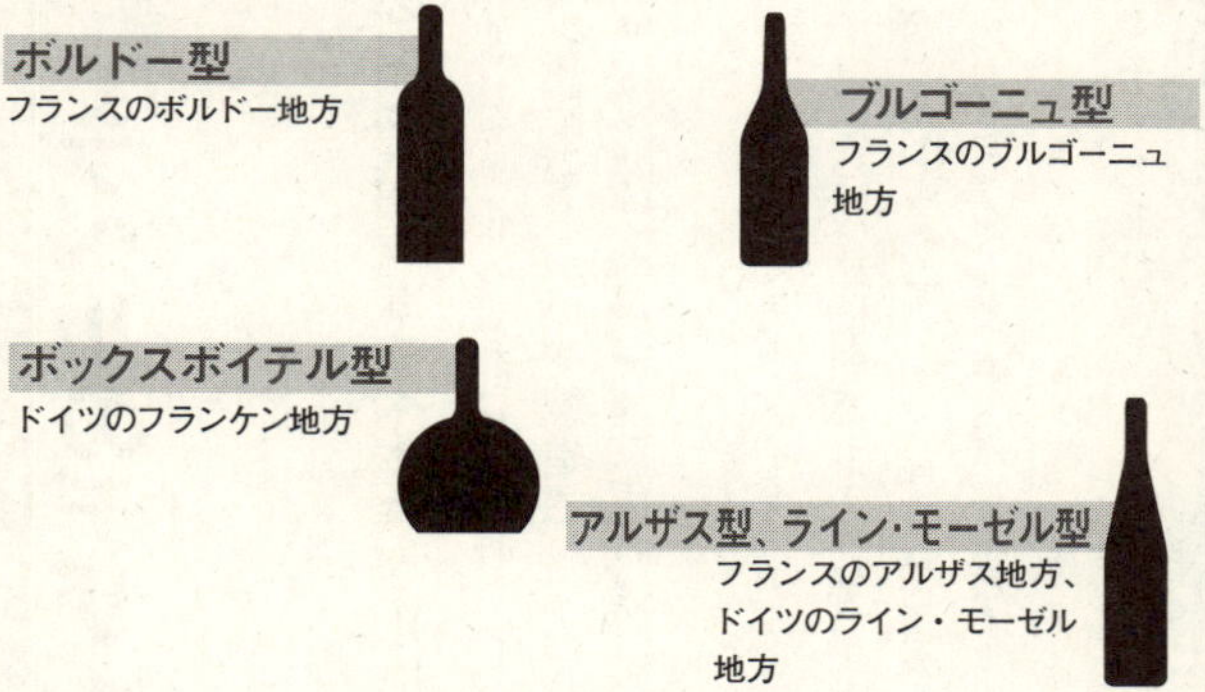

店頭でしっかりした味わいのワインを探すなら、ボルドー型のボトルを中心に見ていくのもひとつの手である。

スラリとしたシルエットのアルザス型やライン・モーゼル型は、さわやかな白ワインの印象を表現。厚めでどっしりしたスパークリングワインは、炭酸ガスを受け止める必要性から開発された。ワインはボトルも含めてひとつの完成品となっているのだ。

ボトルの底のへこみにも役目がある。ビン詰め後に発生した澱をとりのぞくためにデカンタージュを行うが、このときに底が平らだとビンの中で対流がおき、澱を舞い上げてしまうのだ。また、このへこみには置いたときのビン底の衝撃を和らげる効果も考慮されている。

ワインのラベルはどこを見ればいい？

ラベルのデザインと情報を読む

■必要な情報はすべてラベルに表示されている

ワインボトルの表面に張られたラベルを「エチケット」と呼ぶ。ワインは各国のワイン法にもとづいて製造されており、製品情報の表示義務が定められている。だからワインのラベルを読み込めば、そのワインについてかなりのことがわかるといえる。

しかしフランス語やドイツ語、イタリア語で書かれたラベルは、いちばん大きな文字で書かれた銘柄名でさえ判読が困難だ。ワインに関する基本的な用語を知らなければ、米国産やオーストラリア産の英語表記のものでもなかなか読みこなせない。しかも国によって表示内容が異なるし、ラベルのデザイン次第で表示パターンも変わってくる。

ビギナーであれば、ラベルの謎解きは将来の楽しみと割り切り、あくまでもラベルは購入時に迷ったときの選択材料だと考えた方がいいだろう。

◆ラベルの情報量は裏の日本語表記の方が多い

【表】ビギナーが判読できる情報は少ない

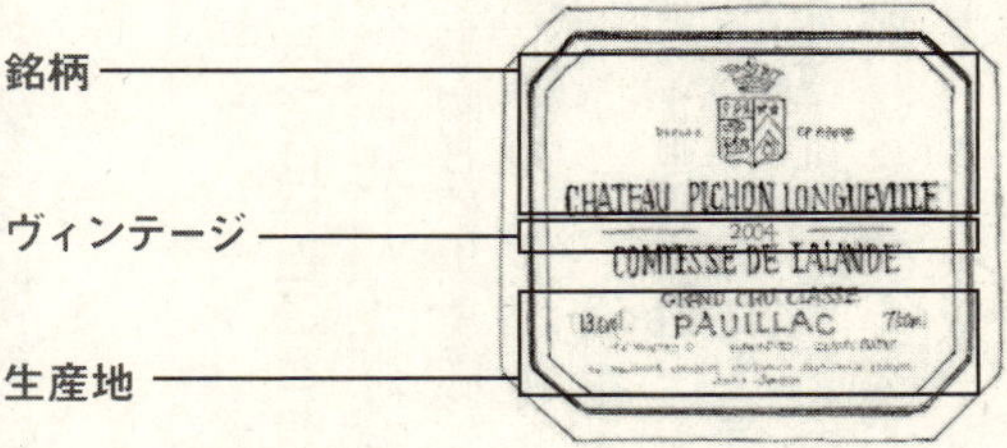

【裏】表のラベルには書かれていない情報もある

銘柄、格付け、ヴィンテージ、原料のブドウの品種、辛口か甘口か、説明、合う料理、酸化防止剤の種類、低温輸送かどうか……。

しかし、原料のブドウが収穫された年を示すヴィンテージには注意をしておきたい。飲んでみて美味しかったワインの銘柄を覚えたとしても、ヴィンテージの違いによってまったく異なる風味である可能性があるからだ。独特のラベルのデザインの記憶をたよりにワインを買いに行ったときに、異なる年のヴィンテージが並んでいても悩むことがないようにしたい。

むしろ注視したいのは、ボトル裏側のラベルである。最近では日本の輸入販売業者が制作し、かなり細かな情報を載せているものもある。とくに気に入ったワインがあった場合、その輸入販売業者を覚えておくのも有益だ。信頼できる業者は、いいワインを提案してくれる目利きでもあるのだ。

ボジョレー・ヌーヴォーに「解禁日」があるのはなぜ？

世界で最初に開栓できるのは日本ではない

■「先進国では」とことわりがつく日本だけのこだわり

旬にこだわる日本人は、初物に弱い。それはワインについても言えることで、十一月の第三木曜日の午前零時に解禁となる「ボジョレー・ヌーヴォー」の人気はおとろえることを知らない。現在、日本は世界有数のボジョレー・ヌーヴォーの輸入国である。しかしボジョレー・ヌーヴォーはフランス・ブルゴーニュ地方の南部にあるボジョレー地区の赤ワインの「初物」であり、代表的なワインではない。また、ボジョレー地区の一般的な「ボジョレー」とも異なるつくりがなされている。

では、なぜそれほどまでにボジョレー・ヌーヴォーは新酒にこだわるのか。ボジョレーの原料になるブドウは、すべてのメーカーがガメ（ガメイ）種と呼ばれる品種を採用している。華やかでフレッシュ、そしてフルーティーさが特徴で、ボジョレー地区の人々は、十九世紀からその新酒を飲むことを好んできた。しかしワインの生産管理が国の規定できびしくなると、華やかな新酒の時期を逸するようになっ

◆ボジョレー・ヌーヴォーの解禁日は
日本よりもオーストラリアの方が早く迎える

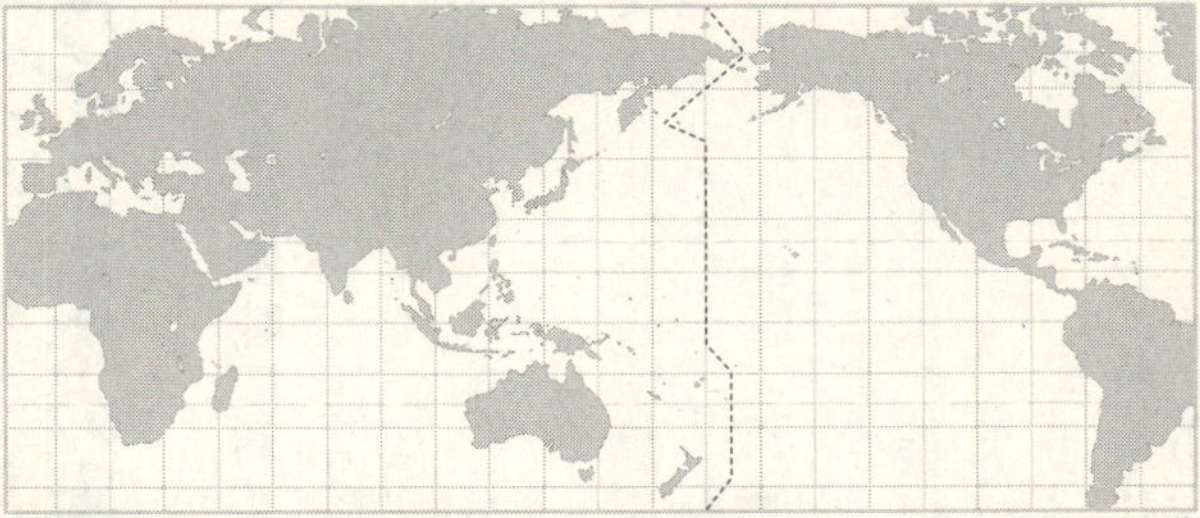

日付変更線と日本との間には多くの島々が点在している。オーストラリアやニュージーランドは夏のサマータイムの期間のため、時差も含め、日本より約二時間前に解禁日を迎えることになる。

てしまった。そこでボジョレーの人々がフランス政府との交渉を重ねた結果、通常のワインと異なり「ボジョレー・ヌーヴォー」だけ、早い新酒の解禁日が定められるようになったのだ。

「ボジョレー・ヌーヴォー」の解禁を祝う習慣は、パリを経由し、世界中のワイン・ファンの間に広まっていった。一九八五年、バブル最盛期の日本にも、ワインブームの中心イベントとして上陸。以来、季節の風物詩として定着した。

とくに時差の関係で「世界でいちばん早く解禁日を迎える」というPRが効果的だったのだが、これには多少の注釈が必要だ。「先進国では」ということと、空輸代金込みで高額になってもいとわないという条件つきなのだ。

「ノンフィルター」とは何のこと？

ワイン本来の風味を濾過しない製法

■ワイン本来の風味に対する醸造家のこだわり

醸造酒では酵母による発酵が終わったあとに、さまざまな不純物が残る。ワインでは、時間をかけた熟成と手間暇をかけた澱引き作業で、そうした不純物をとりのぞいていく。しかし、大量生産が必要な多くの手頃なワインにとって、時間と手間は大きなコストだ。

そこでフィルターによる濾過を行って、ワインの飲み口をよくする工夫が導入されている。フィルターにより、原料の品質の低さや醸造過程で生じたバランスの悪さをならすことも可能になった。品質は安定し、より広範なワイン市場が切り開かれた。

しかし、フィルターは醸造酒の持つ複雑な旨味を弱め、平均化させてしまう面も持っている。そこでより自然なワインを求める醸造家により、近年「ノンフィルター」と明記されたワインが世界各地でつくられるようになった。ノンフィルターのワインは、原料の品質、発酵の管理など、よりよいワインづくりの実践があってこそのものであり、醸造家の自信の表れでもある。

ハウスワインとはどんなワイン？

「家庭用」ではなくレストランの看板ワイン

■レストランを知るための判断素材にもなるもの

レストランのワインリストで目にする「ハウスワイン」という項目。この「ハウス」とは、そのレストランを指している。決して、「家庭向きの安価なワイン」という意味ではない。

レストランがメインで提供するのはもちろん食事だ。ワインは本来、その食事をよりよく演出するための脇役、もしくは伴奏者だ。とくにワインマニアでもないかぎり、メニューを決めたあとに、ワインリストにまで頭を悩ますのは気が重いことだろう。また、酒に多額の予算を設定していない人も多い。

そこでレストランでは、自分の店のメニューに合い、品質も確か、価格も手頃で適正な銘柄をその店の定番として用意しておく。それが「ハウスワイン」である。通常、赤と白が用意され、ボトルだけでなく、グラスでも提供可能だ。

ある意味では、自分の店の料理の一部として提案しているものでもあり、飲みあきない、厳選された銘柄であるべきものだ。店のセンスを知る入り口になるワインだとも言える。

鮮度が可能にした酸化防止剤無添加ワイン

国産ワインの新しい魅力

■酸化防止剤を無添加にしたワインとは

醸造酒である日本酒やビールでは、加熱することで酵母の働きを止め、出荷時にも加熱処理を行うことで常温輸送を可能にしている。しかしワインは、ブドウ果汁の糖分を酵母が食べきって発酵を終えたものを、密閉容器に入れるという工程のみで出荷される（甘口や特殊なワインを除く）。

もともと国境を越え、海を越えて他国に輸出されていたワインは、輸送途中の再発酵や酸化による劣化を防ぐために酸化防止剤を添加されてきた。酸化防止剤は、ある意味でワインの原料のひとつとも言える。

しかし、日本では食品添加物への関心が高いのと、国産の他の醸造酒には添加されていないという理由から、ワインに酸化防止剤を入れることへの疑問や心配が根強い。そこで、輸送期間が短く、品質管理の目が行き届きやすい国内ワインメーカーでは、酸化防止剤無添加の銘柄を販売している。そもそも酸化防止剤が風味に関わっていることもあるため、無添加ワインへの評価はまちまちだ。しかし、これは国産ワインだからこそ可能な試みでもあり、今後の品質向上が期待されている。

オーガニックワインとはどんなワイン？
ブドウの栽培にもこだわったワイン

■無農薬・有機栽培で食の安全と味を追求

「酸化防止剤無添加」は日本国内の時流だが、世界的な時流になっているのは、「オーガニックワイン」「バイオワイン」と呼ばれるワインだ。これは、化学合成された肥料等を一切使わない有機栽培されたブドウを原料にしたワインのことである。認証機関の規定を満たした農園・栽培方法でつくられたものだけが認証される。ただし有機栽培されたブドウを原料に使ってはいるが、ほぼすべてのワインで酸化防止剤は使用されているので無添加というわけではない。

農作物の有機栽培は、一般的な野菜などでも広がっているが、食の安全性の向上、食材としての品質の向上など、さまざまな思惑が交差している。その消費者も健康面を気にかける人、単純に美味しければそれにこしたことはないと考える人などさまざまだ。しかしこの時流は、拡大することはあっても、後退することはなさそうだ。

ワインを知る、楽しむうえで、「有機」という要素には、今後も注目していく必要があるだろう。

開栓後も変わらない味と風味を追求
ボックスワインの特徴

■特殊パッケージが劣化を防ぐ

「ボックスワイン」とは、紙製箱形容器に入った大容量ワインのことである。スーパーや量販店で売られている安価なものから、最近ではフランス産ワインの銘柄で価格の高いものまで商品ラインナップが充実してきている。

「ボックスワイン」の特徴は、価格の手頃さではなく、機能面での使い勝手の良さだといえる。

箱にはアルミ箔のような袋が入っていて、その中にワインが充填《じゅうてん》されている。注ぎ口は箱の下にあり、ボタンを押して口を開くと、自重でワインが注ぎ出てくる仕組みだ。しかも中の袋は機密性が高く、ワインが減った分しぼんでいくので、残りのワインが空気に触れることはない。

製品として約一ヶ月を消費期限にしているが、常温で管理でき飲みたいときに飲める手軽さは、便利なうえに、どこか楽しい。

使用後はつぶせば場所を取らず、重くもないので、ホームパーティーはもちろんアウトドアにも便利だ。

ブドウ以外でもワインはできる？

各地の名産物でつくられたフルーツワイン

■果物の魅力を活かしたさまざまなワイン

ワインが誕生したきっかけは、つぶれたブドウの果汁が自然の酵母によって発酵したことだろう。

果汁に酵母を加えて発酵させれば、さまざまなワインができる。リンゴでつくった「シードル」もその一種だ。

日本国内でもキウイやパイナップルなど、各地の地元農産物で名産品ワインづくりが行われている。

多くはアルコール度数も低めで、果物そのものの香りや甘さを活かしたつくりがなされており、その飲みやすさで女性からの人気も高い。

ただし、単純にフルーツワインを「ワインの一種」ととらえることは難しい。ワインは「ブドウを原料にした」という一点を共通項にしてくられた飲み物だからだ。

その点を踏まえてフルーツワインは、あくまで果物を原料にした醸造酒であると考えるべきだろう。

COLUMN

漫画で学べるワインの基礎知識

■ワインと飲み手の間に立つソムリエのドラマ

国産銘柄もあるとはいえ、日本で飲まれているワインの大半は外国から輸入されたものだ。ビギナーがワインに感じる敷居の高さは、ラベルの外国語だけではなく、その奥にある文化的な壁によるものかもしれない。しかし、音楽や映画などに国境がないのと同じように、目の前の一本のワインを楽しむことは、世界中の誰にとっても同じ経験だ。そこにはときにドラマも生まれる。一九九六年に雑誌連載が始まった漫画『ソムリエ』は、ワインをめぐる人間ドラマに焦点をあて人気をはくした。

ワインを題材にした漫画。それは蘊蓄《うんちく》の羅列になり、経済や哲学を解説する実用書のようになる危険性と紙一重だ。しかしこの作品は、ワインそのものではなく、ワインと飲み手の間に立つソムリエを主人公にしたことで、ワインを介した人々の記憶や思い出、互いの関わりをドラマとして描き出すことに成功している。

ワインを扱った漫画

ソムリエ

原作・城アラキ、漫画・甲斐谷忍、監修・堀賢一／集英社

天才ソムリエ・佐竹城は、子どものころに飲んだ継母との思い出のワインを探して世界を旅する。この中でワインとのかかわり、ソムリエの在り方などが繊細に描写されている。SMAPの稲垣吾郎主演でTVドラマ化された作品でもある。全6巻

ソムリエール

原作・城アラキ、漫画・松井勝法、監修・堀賢一／集英社

篤志家の援助により大学の醸造科を卒業した樹カナは、孤児院の子どもたちと育てているブドウ園を守るために東京のレストランで働くことに。2008年8月現在「ビジネスジャンプ」連載中。既刊7巻

神の雫

原作・亜樹直、オキモト・シュウ／講談社

ワイン評論家の父が遺した総額20億円を超えるワインコレクション。その相続の条件は、遺言に記された12本のワイン「十二使徒」の銘柄と年代を当てるというものだった。2008年8月現在「モーニング」連載中。既刊17巻

専門知識や用語を暗記できるのは、どんなジャンルでもマニアだけだ。しかし、ドラマに心を奪われながら得たワインの知識は、無理なくスッと身につくのだ。

城アラキ原作・堀賢一監修によるソムリエを主人公にした作品はその後も新タイトルが発表され、現在は女性を主人公にした『ソムリエール』が雑誌連載中だ。

■海外のワイン通をも唸らせる情報と確かな視点

二〇〇四年から雑誌連載が始まった漫画『神の雫』は、主人公がワインに関して知識ゼロからスタートする点が異色だ。高名なワイン評論家の息子として、小さい頃から嗅覚・味覚・表現力を鍛えられた主人公が、父が遺言に残した十二本のワインを解明する物語だ。主人公が一歩ずつ学んでいくワインの知識は、同様にワインに関する知識ゼロの読者にとってもたいへん参考になる。その学習自体が物語の重要な要素なので、解説くささを感じることなく読むことができる。

実際に流通しているワインについての豊富な情報と、それらに関する的確な説明には、ワイン好きも納得の確かさがある。また、作中で紹介された銘柄が、店頭で売りきれるという現象まで起きている。その人気は国内にとどまらず、富裕層の間でワインがブームになりつつある韓国にも広がっているという。

どの作品にも共通するのは、銘柄や価格ではない、ワインの本質を知って欲しいと願う制作者たちの思いだ。

PART2
楽しむための基本的な知識

買う側・飲む側の表現は本来自由なお酒

ワインを楽しむために知っておくべきこと

情報を確かめるのではなく、経験そのものを楽しむ

ワインの楽しみ方は、旅行に似ている。ガイドブックを片手に名所旧跡をたずねて、情報通りのポイントを確認して満足する。それもワインを楽しむ方法のひとつだ。一方で自由気ままな旅には、そのときだけの新発見や自分にしか経験できない印象深いできごとがある。

高額な銘柄や大切なシチュエーションでのワイン選びでは、情報をたよりにした間違いのない楽しみ方も必要だ。しかし、ワインを身近な酒として楽しむのであれば、ときには期待はずれの失敗や予想外の味わいも受け入れる度量を持つといいだろう。

ワインの特徴は国、地域、ブドウの品種、醸造家、また生産年によって異なり、それこそ無数のバリエーションがあることをＰＡＲＴ１で見てきた。ワインとの出会いは常に一期一会であり、すべてが貴重な経験となる。手にした一本を存分に味わい、楽しむことこそが大切なのである。そこで必要なのは、ワインの個別の知識よりも、ワイン全般に応用が利く楽しみ方だ。

ワインを飲む。グラスに注いだ一杯を前に、身構える必要はないが、意識しておきたいいくつかのポイントがある。

知れば知るほど難しく感じるワイン選びも、そのポイントさえおさえれば、選ぶ楽しみが分かってくる。そして買った人、飲む人が自分なりに評価をしながら楽しんでこそ、ワインを飲んだ経験は充実したものとなるのだ。ワインには、ラベルに書かれた銘柄や値段以外にも得られる情報がある。それは飲んだ人にしか語れない経験談だ。これらを踏まえ、ＰＡＲＴ２ではワインと向き合う三つの方法を紹介していこう。

ワインを飲むとはどういうことか

「テイスティング」は難しいことではない

■同じ経験は二度できない一期一会の醍醐味

レストランでワインを注文したときに、ソムリエがソムリエナイフをたくみにあやつって開栓し、コルクを差し出してきたとする。さて、このコルクをどうすればいいのだろうか。さらに、あなたのグラスに少量のワインが注がれ、なにやら次の指示を待っているような場合には、どう対処したらいいのだろうか。

これは「ホスト・テイスティング」と呼ばれるもので、ここで求められていることは「銘柄の確認」「ヴィンテージ（収穫年：ブドウの収穫された年）の確認」「コルクの確認（刻印と保存状態）」「品質の確認」と多岐にわたる。食事の場のホストとして、ワインの「鑑定」が求められているのだ。

「鑑定」と聞いた瞬間に、緊張して頭が真っ白になってしまうかもしれないが、ホスト・テイスティングは「味見」程度のものだと考えた方がいいだろう。実際、コルクの匂いをかいで品質上の問題点に気づける人は、相当なワイン好きといえる。

ラベルとコルクの刻印を確かめ、ワインをひと口飲んで味見をする。それだけでいい。にっこりほほえみながら「おねがいします」と言えば、どこおりなく各グラスにワインが注がれていくはずだ。

ホッとしたところで、今度は落ち着いて自分のための「テイスティング」をしてみよう。会食であれば、いちばんの目的は食事や会話である。いつまでもワイングラスをにらみつけているのは考えものだ。

とはいえ、最初の一杯をしっかり味わって感想を交換することで、会話が広がることもある。ここで必要なものは純粋にワインを飲んでどう感じたかと、その表現力なのだ。

テイスティングの本当の意味は……

「色、香り、味わいを表現すること」

- ワインの色には、さまざまな情報が隠れている
- ワインの香りには、五感を開くカギが隠れている
- ワインの味は、多重構造。踏み込んで楽しもう

ワインの色の違いはどうやって見る?

無数にあるワインの色を楽しむ

■ワインは「色」をまず楽しむ

「テイスティング」とは、本来は「試飲」のこと。フランス語では「デギュスタシオン」という。あくまで、そのワインが確かな品質で、本来の特徴をしっかりとそなえているかどうかをチェックするためのものだ。しかしそうした確認は、必要であればソムリエに任せればいい。

本書では「ホスト・テイスティング」を「鑑定」ではなく「味見」のためとしたように（66ページ参照）、最初の一杯をじっくりと楽しむ「テイスティング」は「試飲」ではなく「味わう」ための飲み方として覚えてほしい。

「味わう」のだから、まずはひと口……とワインを口にしてもかまわないが、ワインとは色もまた楽しめる酒なのだ。赤ワインだから赤い色なのは確かだが、その赤の色合いもさまざまだ。また白ワインは、淡い緑色、緑を帯びた黄色、明るい黄色や麦わら色のものもある。それぞれの色合いの違いは、ブドウ品種・醸造法・熟成

◆ワインの味わい方1：色を楽しむ

グラスの持ち方

ワインに手や指の熱が伝わらないように持つ

ワインはグラスの4分の1程度を目安にそそぐ

上から見る

横から見る

ここを見てみよう

●透明度を確認
透き通って輝いているか

●濃淡で推測
ブドウの成熟度、ワインの濃縮度

●色合いを見る
熟成により変化する飲み頃

●粘度で判断
粘度が高いほど凝縮度も高い

などによる。

赤ワインであれ白ワインであれ、まず確認するのは透明度。色が澄んでいて光沢があれば、ワインは健全な状態といえる。濁っている場合は、品質そのものに問題があるか、長く沈殿していた澱《おり》が飲む前にビンがゆすられるなどして混ざり、取り扱い方法に問題があった場合も考えられる。

■色から分かるワインの品質と特徴

赤ワインの場合、うすい色は軽やかさを、濃い色は濃厚さを判断する基準となる。ブドウの品種によっても色の濃さは変わるので、異なる銘柄で比較はしない。ボジョレーに使われるガメイ種は鮮やかな紫紅色（西洋サクランボの色）をしている。これが成熟の変化でスミレ色になっていく。

カベルネ・ソービニヨン種は他の品種と比べると濃い鮮紅色（ルビー）。そうした色の特徴を記憶しておくことは、産地やブドウ品種の違いと風味の特徴を学んでいくうえで役立つだろう。

一般的に赤ワインが若いときには濃いルビー色で、熟成を重ねるとタンニンが澱として沈殿し、澄んだガーネット色になっていく。白ワインは熟成とともに金色を帯び、やがて琥珀色へと変化していく。

そのため、若い白ワインで麦わら色のように色が濃いものは品質や管理の問題が疑われる。各ワインの特性である色を知り、その中での差を判断材料にするといいだろう。

ワインの色を見る場合の背景色は、白が望ましい。グラスの上から、そしてグラスを傾けて色を確認する。

■色の確認は、ワインへの期待感を高める準備

目によるテイスティングをしながら確認したいポイントがもうひとつある。グラスの内側を伝って流れる「滴《しずく》」の状態だ。「脚（足）」とも「涙」とも呼ばれるものだが、これがしっかりとでき、ゆっくりと落ちてくる場合は、そのワインへの期待を高めてもいいだろう。

「脚」ができるのは粘度があるためで、エキス分が多く、アルコール度数も高めである証拠だ。それがそのまま美味しさの保証にはならないが、美味しいワインである可能性を持っていることを示している。ワインの色を確認した後、一度グラスを回し、トロリと流れる「脚」がゆっくりと落ちていくのを確かめながら、「これは美味しいワインかもしれないぞ」と期待感を高めていく。

そうしたワインとの時間の過ごし方は、単に「高額なワインだから」「有名銘柄のワインだから」と、受け身で飲むのとは異なる充実感がある。ワインはまず、目で楽しむ酒なのだ。

ワインの香りはどうやって楽しめばいいのか

開栓後の変化を楽しむ

■グラスは回す？　回さない？

少しワインの飲み方が身についてくると、しきりにグラスを回したがるものだ。グラスの中でゆったりと大きく泳がせるようにワインをゆらし、全体を空気に触れさせることで香りの変化が楽しめるからだ。たしかに「テイスティング」の技術としては有効だが、食事の場でそればかりに気を取られているのはせわしない。「試飲」として短時間でそのワインの特徴を判断するのではなく、「味わう」のであれば、飲むたびごとにぐるぐる回す必要はない。食事の時間の中でゆっくり香りが変わっていくのを楽しむようにしよう。

とくに香りは第一印象が重要。グラスにワインが注がれたら、まずそのまま鼻を近づけて香りを確かめる。このときの香りがブドウ品種の特性をいちばん表しているので、色とともに記憶に残すといいだろう。あまりかぎすぎるとさまざまな情報が入りすぎて、印象がぼやけてしまうこともあるので注意しよう。

◆ワインの味わい方2：香りを楽しむ

立ち昇ってくる香り
アロマをかぐ
グラスを回して
空気に触れさせる
もう一度香り
ブーケの有無をかぐ

ここを確かめよう

●アロマ
品種の特徴、ブドウそのものの香り

●ブーケ
熟成の度合いを表す香り

次に、グラスを回して空気を含ませてから、再度香りを確かめてみよう。果実以外の香りを花やハーブ、ナッツやコーヒーなどの香りにたとえて確かめていくと記憶に残りやすい。

食事をしながら時間が経つとさらに香りが変化してくる場合があるのだが、それも楽しみのひとつ。上等なワインほどその変化も大きいので、ゆっくり味わいたい。

若いワインで、開栓直後にグラスを回したときにはさほど変化がなかったものが、三十分ほどして香りが変わってくる場合もある。これはそのワインが将来熟成を重ねたときの風味の予想に役立つものなので、気に入った場合は覚えておき、同じ銘柄を飲むときの目安にする。

ワインの味はどうやって楽しめばいいのか

ワインは風味と後味を楽しむ

■舌と鼻、のどごし……すべてで風味を感じる

酒の試飲では、日本酒でもワインでも、口に少量含んだ後にズズと音をたてているのを見たことがあるかもしれない。あれは口の中で空気を含ませて香りを立てているのだが、通常、ワインを味わううえではそこまでやる必要はない。かといってゴクゴクと飲んでしまうのも避けたい。それではワインの持つ風味の奥深さが楽しめないからだ。ひと口をゆっくり飲んで味わうのだが、味わうためのチェックポイントを頭に入れておくと飲み方も自然になるはずだ。

まずグラスに口をあて、ワインを少量口に含む。このときの口当たりを意識してみよう。香りと同様に第一印象を素直に受けとめてみる。

次に口の中での香りの広がりを確かめてみよう。口をすぼめてズズとしなくても、鼻腔のうしろで感じる香りに意識を集中させればよい。鼻で確かめた香りとは、また印象が異なるはずだ。

◆ワインの味わい方3：味を楽しむ

ここを確かめよう

●切れ味
辛口白ワインはスッキリしたさわやかな切れ味。

●のどごし
甘口白ワインや赤ワインは滑らかなのどごし。

●味わい
甘味・酸味・渋味・コク、そのどれもがワインの味。じっくりと深く探ってみよう。

●バランス
全体の印象をしっかりと記憶にとどめる。

少量を含んで口の中でころがす。

ゆっくりと飲みこんで、のどごしと鼻に抜ける香り、後味を確かめる。

目と鼻、そして口に含んだ第一印象が、この段階でひとつになる。このワインに対するイメージが自分なりにまとまったところで、舌を使って、口の中全体でワインの味を確かめてみよう。酸味・甘味・苦み・アルコールのバランスに意識を集中させて、風味の構成要素をひもとくように味わう。

そして最後にゴクリと飲みこむ。いや、実はこれで最後ではない。ワインは飲んだ後の余韻の広がり、残り方も重要なのだ。熟成を重ねた上質のワインはとくに、口に含んでからのどごしまでのすべての段階で複雑な味わいが楽しめ、余韻に広がりがあり、その持続時間も長い。さらに食事との相性や時間経過にともなう変化によっても、味わいは変わってくる。

ワインの適正温度とは

保存の温度と飲むときの温度がある

■風味を保つ温度、変化を楽しむ温度

　ワインの味わいは温度によって大きく変わる。買ってきたワインは冷蔵庫に入ればいいかというと、そうでもないのだ。長期の保管には、庫内の温度が低すぎて熟成が止まったり、冷えすぎたものを適温に戻す間に風味が変化してしまったりという危険がある。ワイン専用のワインセラー（98ページ参照）がない場合には、振動や温度差のない、日光の当たらない暗い場所に、新聞紙等で包んで箱に詰めて保存するのがいいだろう。

　ワインが最もきらうのは、一日の中で温度変化がある場所だ。ひんやりとした冷暗所があればベストだが、現在の日本の住宅事情では、床下収納庫であってもそうした条件を満たすのは難しい。一方で流通段階での管理は向上しており、小売りやレストランの品質管理がしっかりなされていれば、飲む直前までワインはいい状態で置かれていることになる。買うのであれば、必要なときに必要な分だけ購入する

◆卓上ワインクーラー

氷と水を入れたワインクーラーに、白ワインのボトルをしっかり浸す。約二十分で適温まで冷える。水が滴るので布を用意する。

あらかじめ水をしみこませておくと、水分が蒸発する気化熱で中に入れたワインボトルが冷える。ワインボトルはあらかじめ適温に冷やしたものを入れておき、保冷するのが目的。

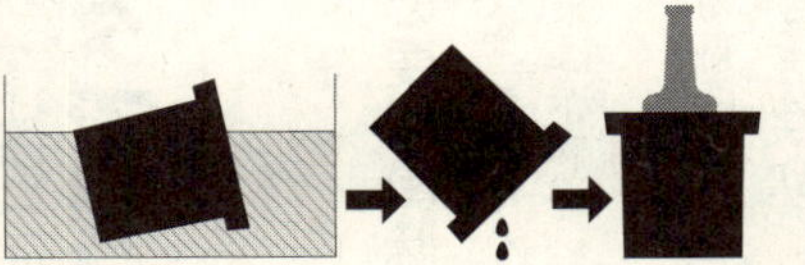

水につける　→　水をすてる　→　冷えたワインボトルを入れる

のがいいだろう。

飲む前は、温度変化の少ない冷暗所での管理が重要。そして飲むときの温度は、ワインにより異なってくる。

発泡性のものや甘い白ワインは、六度から十度くらいにキリリと冷やすと、酸味や甘味が華やかに感じられる。コクのある辛口の白ワインは、十三度程度までのゆるやかな冷やし方をすることで風味がきわだつ。

赤ワインは室温でとよく言われるが、これはヨーロッパでの条件。日本は湿度が高く体感温度も高くなるので、「室温」は目安にならない。正確な温度を心がけよう。ロゼは八～十度、低価格のライトな赤は十二～十四度くらいまでの温度で。コクのあるしっかりした赤でも十八～二十度程度が望ましい。

デカンタージュは何のためにするのか

デカンタでワインをよみがえらせる

■空気に触れさせ必要な風味に到達させる技術

デカンタと聞くとレストランでハウスワインをグラス数杯分入れたものを想像するかもしれないが、本来は赤ワインを飲むために必要な移し替えのガラス容器のことだ。

赤ワインを移し替える目的はふたつある。ひとつはまだ熟成の若いワインを空気に触れさせ、香りを開かせるため。もうひとつは、熟成の進んだ赤ワインに沈殿している澱《おり》を取りのぞくためだ。

澱は色素やタンニンが沈殿したもので、口にしても害はないが渋味とざらつきがあり、グラスに混入すると食味をそこなう。またワインの中に拡散してしまうと濁りの原因となり、風味もそこなう。非常に細かなものなので、ボトルを置いたり傾けたりを繰り返すだけでも舞い上がってしまう。

そのため事前にきれいな上澄みだけをデカンタに移し替えておく。これをデカン

◆デカンタの種類

縦長のもの
まだ若いワインを空気に触れさせることで、香りを開かせる。

表面積の大きなもの
熟成したワインの澱を取りのぞきつつ、香りを大切にする。

タージュと呼ぶ。澱が混ざらないように注意しながら、とても慎重に行う必要がある。一気に移し替えねばならないので、技術も求められる。

ソムリエによる熟成した赤ワインのデカンタージュは、ボトルの下に光源を置き、ワインの中を透かして見ながら澱が混入しないように行われる。飲む前日にビンを立てておくことで澱を底に沈殿させると、よりデカンタージュしやすくなる。

ただし、熟成がとても進んだワインの場合、デカンタージュにより風味が急激に変化してしまうので、なんでもやればいいというものでもない。ここでもやはり、ワイン一本ごとの状態に合わせた飲み方の判断、楽しみ方が必要なのだ。

ワインを飲むときにしてはいけないことは？

評価の決めつけ押しつけはマナー違反

■ワインを介して互いを知るのが最高の楽しみ方

自宅で味わうのであれば、どんなふうに飲んだとしてもかまわない。しかし、レストランでワインを楽しむ場合には、若干のマナーを心得ておくようにしよう。

まず、ワインを注いでもらうときにグラスを持ち上げて受けてはいけない。グラスはテーブルに置いたままで、手をそえる必要もない。乾杯のときは、手にしたグラスをかるく上げる。グラス同士を重ねて音をたてるのはマナー違反だ。高価なワイングラスにキズをつける危険もあるので、くれぐれも注意しよう。

あいたグラスへさらにワインを注ぐかどうかを聞かれた場合、もういらないのであれば、グラスの上にそっと手をかざして伝えるとスマートだ。

ワインを自分たちで注ぐ場合、どのタイミングで注ぐべきか。とくに決まったルールはないが、カップルであれば男性が、相手への気遣いとしてどうですかと確認をするとよい。同じ銘柄のワインであれば、グラスに少量残っている段階でいいだ

◆ワインを飲むときのマナー

注いでもらうとき

グラスは手で持ち上げない。テーブルに置いたまま

乾杯のとき

グラスを合わせて音を立てない。軽く持ち上げる

もういらないとき

そっとグラスの上に手をかざす

ろう。

ビールや日本酒のように互いに注ぎあうことはしないので、友人同士やグループであれば、自分で自分のグラスに注ぐ。

ワインにかぎらず、食事の際は、匂いのきつい香水は避ける。タバコも周囲が気にしない場合でも、ワインを飲んでいる食事中はひかえる。

ここまでは飲み方での注意点だが、より重要なマナーがある。それは、ワインについての感想を口に出すとき、肯定的な部分を見つけて言葉を選ぶことだ。また、人の感想を否定せず、自分の知識の押しつけも絶対にしてはいけない。

ワインを介して互いの距離を縮めることを、楽しむようにするとよい。

特徴を知れば選ぶのはもっと楽しくなる

失敗しないワイン選び

■自分の好みを明確にすることで「迷い」を減らす

ワインの世界を探訪するうえでは、「迷う」こともまた楽しいと先に説明した。しかし、思い悩んでしまっては、楽しむ余裕も生まれない。あせりは考えの浅い即決につながり、納得のいかないワイン選びの原因ともなる。

PART1でも説明したように、ある程度の選択肢は予算で絞り込むこともできるが、ワインに慣れてきたら、もっと積極的にワイン選びを楽しむようにしたい。

銘柄ごとの知識を深め、最終的には目的の一本へ最短距離でたどり着くようになるのもいいだろう。しかし、より重要なのは、自分の好みを明確にさせることだ。銘柄が膨大で、原料の栽培から製法まで今なお新しい試みが行われているワインにおいては、売り場の担当者やソムリエにいかに自分の希望を伝えるかが出会いの可能性を左右する。

ワインの第一印象を決めるのは、原材料に由来する果実味だ。その味わいは、白ワインであれば酸味と甘味、赤ワインであればタンニン（渋味）と酸味、さらに甘味が決めてとなる。

そうした各ワインの基本的な特徴を知ることで、どんなワインが飲みたいのかを伝えられるようになる。飲んだうえでの表現もまた、的を射たものになっていくだろう。

自分の好みが明確になることで、ワインを楽しむ選択肢が狭まることはない。むしろ、好きなワインで体験を重ね、味覚に慣れることで、その許容範囲は少しずつ広がっていく。そしてさらなる相乗効果で、もっとワインのことを知りたくなるのだ。ワインを知ることは、自分を深く知り、視野を広げることでもある。


失敗しないワイン選びに必要なものは……

「自分の好みを語るための基礎知識」

- ●料理との組み合わせ（マリアージュ）を楽しむ
- ●ヴィンテージを知り、ベストな風味を楽しむ
- ●ワインの物語を語ることで飲む楽しさを広める

赤ワインの選び方

熟成で異なる果実味・渋み・酸味で選ぼう

■ブドウそのものの味わいが凝縮

赤ワインは、原料となる黒ブドウをつぶしてそのまま発酵させている。皮も種も、その味わいをつくる上で欠かせない構成要素なのだ。

ブドウそのものの風味である果実味は、若いワインほど華やかに香り、熟成を重ねることでなめらかになっていく。赤ワイン独特の渋みは、皮や種に含まれるタンニンによるもの。醸造直後はきつく感じるが、熟成によりまろやかさが増すと、複雑な風味を形づくっていく。

赤ワインでは「フルボディ」や「ミディアムボディ」といった表記を目にするが、これは全体の成分比率を表したものだ。果実味や渋みに加え、酸味、エキス分、アルコール度数など構成要素のいずれも多いものが「ボディ」のしっかりしたワインとなり、「重い」と表現される。長期の熟成に耐えられる要素を含んでいるが、年数が浅いと飲みにくさを感じる人もいるだろう。

◆赤ワインに合うチーズ

ハードタイプ、セミハードタイプ
ゴーダやチェダーなど固く優しい味のもの。

ヤギや羊のチーズ
かおりやコクがある。

白カビタイプ
まろやかでなめらかな食感。熟成の進んだカマンベールなどはさらに重い赤でもOK。

青カビタイプ
香りが強く塩分もきいている。

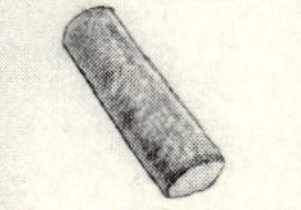
ヤギのチーズ

青カビタイプ

逆に「軽い」風味のものは「ライトボディ」と呼ばれ、軽快な飲み口が特徴だ。赤ワインの風味をしっかり持ちながら、年数が浅くても飲みやすい「ミディアムボディ」のものは、手軽な価格帯にも多い。

コクのあるソースを用いた料理や野性味のある素材を使った料理などは、重いワインのしっかりした風味が、料理全体の味わいを一層豊かにしてくれる。こうしたマッチングを、「結婚」という意味の「マリアージュ」と呼ぶ。料理に合わせるのは、ワイン選びの基本中の基本。淡泊な料理には、軽い赤ワインを合わせてみよう。

二本飲むのであれば、軽いものから重いものへの順にすれば、ライトさの中にある繊細な風味も味わえる。

白ワインの選び方

甘味か酸味か、前面に出てくる印象を判断する

■飲みやすさの中に風味の違いを探れる楽しみ

白ワインはスッキリとした風味で飲みやすく、淡泊な食材にも合わせやすい。ブドウの絞り汁だけを使ってつくり、ときには発酵を途中でとめて果汁の糖分を残すことで甘味を強調することもある。スーパーや量販店のワイン売り場では、赤ワインに比べて品揃えは少ないが、甘口から辛口まで幅広い飲み口のものがある。

白ワインにもボディの軽い、重いがある。すっきりとした「ライトボディ」からしっかりした「フルボディ」まで。とくに長期の熟成にたえられるどっしりした風味を持つフルボディの白ワインは、年数を重ねると金色から琥珀色へと変化する。

白ワインは甘味の強弱で甘口と辛口に分かれており、さらに酸味の強弱もある。白ワインをメインで楽しむ場合は、すっきりしたものから甘味やコクの強いものへと変えていくのがいいだろう。酸味の強いものは、淡泊な前菜やマヨネーズなどのドレッシング類にも合う。甘味の強い貴腐ワインであれば、スイーツにも合わせら

◆白ワインに合うチーズ

青カビタイプ

香りが強く塩分もきいている。

フレッシュタイプ

モッツァレラやクリームチーズなど。さわやかな酸味でさっぱりとした味わい。

白カビタイプ

カマンベールチーズなど。滑らかさや濃厚さを持つ。

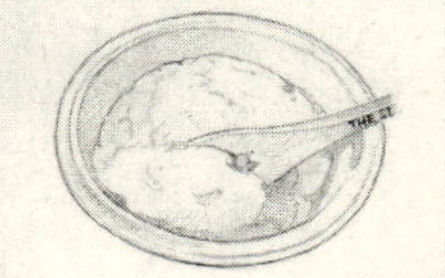
フレッシュタイプ

白カビタイプ

れる。「白ワインを飲みたい」と思ったら、どのタイミングで何を味わいたいかを明確にし、酸味と甘味のどちらをメインにするかを決めると選びやすくなる。

　飲みやすさを重視した軽くてドライなものか、飲みやすさの奥に確かな印象を残す酸味や甘味を持つものか。白ワインの風味に注目しよう。

　糖度が高いフルボディでも、酸味が強ければ甘味の印象はさほど感じない。同じ銘柄でも原材料のブドウのでき具合で、熟成の結果が異なる印象になる。

　お気に入りの一本と出会ったら醸造年をしっかり記憶して、その風味を判断基準に他のヴィンテージや銘柄を味わってみるといいだろう。

バリエーションが豊富で値段も手頃

ロゼワインの選び方とは

■料理や飲み手を選ばない万能選手

ロゼワインには、19ページで図解したように赤ワインと同じ黒ブドウからつくられるものや、白ブドウと混醸してつくられるものがある。

ロゼワインの特徴というのは一言でなかなか明確にすることはできないが、やはり見た目の色合いなどその華やかさに、赤ワインや白ワインとは異なる存在感がある。

風味はとくに好き嫌いの対象となるものではなく、ある意味で万人向けと言える。飲み手を選ばないワインなので、ホームパーティーに呼ばれたときの手みやげとしても、相手の好みに気を遣わず選べる。ワイン自体の値段は手頃で、味のタイプも辛口から中甘口まで幅広い。魚料理、肉料理とすべてのコースに合わせることができる、困ったときのワインでもあるのだ。

そのうえで、手軽で華やかな雰囲気を楽しむためにも、「もう一本」の選択肢に入れておきたい。

シャンパーニュ同様の製法のものが各国にある

スパークリングワインの選び方

■シャンパーニュよりも手頃で品質も確かな銘柄

スパークリングワインの高級品と言えばシャンパーニュ（シャンパン）だろう。その中でも「ドン・ペリニヨン」など特定銘柄ばかりが注目を集めている。「シャンパーニュと呼べるのは、フランスのシャンパーニュ地方でつくられたものだけ」という認識は正しいが、それ以外の地域にも「シャンパーニュ方式」でつくられた高級スパークリングワインは存在している。

代表的なものでいえば、日本でも認知度が高まったスペインの「カヴァ（Cava）」。スペイン国内でも、カタルーニャ地方を中心に八ヶ所でしか製造が認められていないスパークリングワインである。品質の高さには定評があり、しかも価格面ではかなり手頃だ。

フランスでもブルゴーニュ地方やロワール地方には「シャンパーニュ方式」でつくられた「クレマン（Cremant）」がある。イタリアでは「スプマンテ・クラシコ（Spumante classico）」、ドイツでは「ゼクト（Sekt）」の一部が、「シャンパーニュ方式」でつくられたスパークリングワインだ。

古ければいいというわけではない

醸造年によるワインの選び方

■生まれた年のワインがプレゼントに最適とは限らない

ワインの価格は現存する本数が少なければ少ないほど高額になることは先述した通りであるが（40ページ参照）、それはその銘柄、ヴィンテージが高く評価され、人気がある場合の話だ。単に古いだけで、いいワイン、美味しいワインだと判断することはできない。

そのため、大切な人に「生まれた年のワイン」をプレゼントしたいと思っても、生産地とヴィンテージをよく確認しなければ、はたして喜ばれる品物かどうかはわからない。

ヴィンテージというのは、ラベルに大きく書かれた「年」のことだ。ここで表記されている年数は、原料であるブドウが収穫された年である。ワインの醸造年でも、ビン詰めの年でもないので注意してほしい。

ヴィンテージリストはフランスだけでなく、イタリア、ドイツ、アメリカ、オー

◆フランス・ワインのヴィンテージチャート

【ワインの評価】非常によい ＞ たいへんよい ＞ よい ＞ ややよい

年代	ボルドー		ブルゴーニュ	
	赤ワイン	白ワイン	赤ワイン	白ワイン
1987	ややよい	よい	よい	ややよい
1988	たいへんよい	よい	たいへんよい	よい
1989	たいへんよい	たいへんよい	たいへんよい	たいへんよい
1990	非常によい	たいへんよい	非常によい	たいへんよい
1991	ややよい	たいへんよい	ややよい	ややよい
1992	ややよい	よい	よい	ややよい
1993	よい	よい	たいへんよい	ややよい
1994	よい	たいへんよい	よい	よい
1995	たいへんよい	たいへんよい	たいへんよい	たいへんよい
1996	たいへんよい	たいへんよい	非常によい	ややよい
1997	よい	たいへんよい	よい	たいへんよい
1998	非常によい	たいへんよい	よい	たいへんよい
1999	よい	たいへんよい	よい	よい
2000	非常によい	非常によい	よい	よい
2001	よい	よい	よい	よい
2002	よい	よい	たいへんよい	たいへんよい
2003	たいへんよい	よい	たいへんよい	よい
2004	よい	よい	よい	よい
2005	非常によい	非常によい	非常によい	非常によい

ストラリアでもつくられているが、ヨーロッパのものの方が、より重視されている。

それは、日照が十分にあり天候にめぐまれたアメリカやオーストラリアでは、その年の天候によりブドウの出来が大きく変わることがないからだ。よい天候の条件とは、晴れた日が多く、雨量が少ないこと。とくに収穫期に水が少ない過酷な環境下だと、ブドウは実に栄養を集中させ、成分をたくさん残そうとする。そして房や粒の数を減らし、残された実に一層糖分を集中させる。そのブドウを原料にワインを醸造すれば、高い糖度で十分な発酵が可能になる。高いアルコール度数と豊富なエキスにより、長期の熟成にたえる高品質なワインが期待できるのだ。

■ヴィンテージでワインの飲みごろがわかる

ワインは年数をかけて熟成させたものがよい。ヴィンテージが「当たり年」の赤ワインには、何十年も熟成を重ねることで風味が向上するものもある。一方でヴィンテージが当たり年であっても、熟成が十分に進んでいないために風味のバランスが悪くなることもあるのだ。

白ワインの場合は、当たり年と言われるヴィンテージものの飲みごろは、五年後頃からやってくる。

はずれ年のヴィンテージの場合は熟成させるのには向かないため、三年以内、長くても五年以内に飲むようにしよう。

ボジョレー・ヌーヴォーのように新酒を楽しむものは、ヴィンテージにかかわらずなるべく早く飲むこと。ロゼワインの場合も、二年以内に飲むようにする。

現在ではワインの消費動向が変化し、長期の熟成を待つものよりも早めに飲めるものが好まれる傾向にある。よいヴィンテージだから長期の熟成が望ましいとも限らないのが現状だ。

高額のワインを購入するときには、自分の知識だけに頼らず、売り場の担当者に詳しくたずねるといいだろう。

■お気に入りのヴィンテージを自分で決める

ヴィンテージの当たり・はずれは、あくまでも原材料の条件をもとにした「目安」でしかない。醸造家の腕、その後の熟成の状況により、同じヴィンテージ、同じ地方のワインでも風味は異なってくる。「当たり年」とはあくまでも目安であって、その年のワインすべてにおいて、味を保証するデータではないと覚えておこう。

またワイン全体の風味における渋味や酸味などの感覚は、人によってさまざまだ。そのため、どの銘柄の何年ものが美味しいと感じるかは、最終的には自分次第。自分が美味しいと感じたヴィンテージを記録し、リストをつくってみるのもいいだろう。

贈答用のワインの選び方

語れる一本をプレゼントする

■値段ではなく、ワインの持つ物語が満足度につながる

ワインを飲むことは、きわめて個人的な経験と言っていいだろう。目の前の一本との出会い。ワインを味わい、その記憶が次の経験を豊かにする。その意味では、ワインを他人に贈ることは、自分の内面を伝えることと同じだ。

これまでに飲んだお気に入りの銘柄から一本を選び、そのワインの魅力を自分の言葉で説明できれば、気持ちは相手に伝わるだろう。

まだまだ語れるほどのワイン経験を持たないというのであれば、やはり売り場の担当者に相談するのが得策だ。自宅用のものであれば自分の好みや予定している食のジャンルを伝えればいいが、第三者へのプレゼントとなるとそうもいかない。そういうときこそ頼りになるのが、ワイン売り場の担当者だ。

予算とプレゼントを渡す相手の年令・性別・酒の嗜好などを伝え、候補をあげてもらう。自分の好みのブドウ品種や国、生産地のものを選んでもらえば、単に右か

◆贈答用ワインを自分でラッピング

ワイン専用バッグに入れる
ワインを入れるだけで簡単。取り出しやすく、持ち運びにも便利。

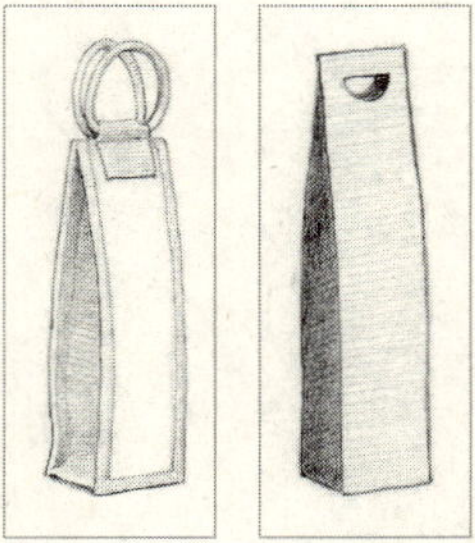

紙や布でラッピング
ボトルの高さの2.5倍程度を目安にした紙で包む。華やかに見える。

ら左へワインを届けるのではなく、何かしら自分の言葉を添えることができるだろう。

酒は飲んでしまえば消えてなくなる。けれどもその酒に関する思いや物語が消えることはなく、その味わいを深くしてくれる。このとき決して知識の押しつけにならないように、「語る」ことがポイントだ。

誕生日などのお祝い用なら、ボトルを包むラッピングにもこだわりたい。ワインを贈答用に包むのはそこまであらたまったことではなく、ワインボトル用の手提げに入れるだけでちょっとした特別感が出る。

予算は人間関係にもよるが、自分が購入している価格帯の上限よりも少し上程度にすると紹介がしやすい。

ワインをもっと楽しむ

飲むだけではない、ワインを何倍にも楽しむ方法

■準備と余韻も楽しもう

ワインは、長い歴史と醸造家の努力から育まれた飲み物だ。生産地の自然環境をそのまま凝縮し、醸造家の思いを的確に伝えるための密閉容器、そのデザイン……。ワインのボトルが一本あるだけで、期待で胸がワクワクしてくる。栓を開ける前からも、ワインの楽しみははじまっているのだ。

ワインが日常生活の中でごく自然な存在となることは、精神的な豊かさや充実感につながっていく。

もっと美味しくワインを楽しむために、その環境を整えていこう。ただ買って飲むだけではなく、どうワインとつき合っていくのかを意識する。ワインの世界へさらに一歩、踏み込んでいく準備をしよう。

専門家による管理が徹底している販売店やレストランとは違い、一般家庭の

保管場所は、ワインにとって決して居心地のいいところではない場合もある。

しかし、気に入った銘柄が見つかり生活シーンでワインを楽しみたいと思ったら、ある程度の本数を自宅にもストックしておけるよう、適正な温度管理のできる保存場所を確保する必要がある。ゆっくりとくつろげる場所だからこそ、最良の状態でワインを楽しみたい。

自宅でワインを飲む最大のメリットは、長い時間経過の中でゆっくりと味わえること。一本を飲みきれずに残したとしても、日を改めて風味の変化を確かめることができる。

ワインを飲むという行為は、まさに一期一会である。一本のボトルごとに一度きりの体験ができるので、準備から余韻まで、存分に楽しんでみてほしい。


ワインを楽しむために必要なのは……

「機能を知り、正しいものをそろえること」

- 最良の状態で飲むために保存にも気を配る
- グラスの選択でワインの風味は変わってくる
- ワイン体験の充実には飲んだ後の情報整理も重要

飲む前の保存方法

最良の保存場所は店と考えよう

■温度変化が激しい居住空間はワイン保存には向かない

もともと日本の家屋には、冷暗所として使える通年ひんやりとした場所があった。風通りのよい居住環境はときに不便さもともなうが、食料の保存には適していた。現在ではマンションに住むことも一般的になった。集合住宅では、床下収納があったとしても密度の高い室内と同様で通気性が低い。戸建て家屋にしても、キッチンは北向きの暗い場所ではなく採光が配慮されたところにあり、火力の強いレンジや電化製品が置かれていて高温である場合が多い。

ワインが嫌うのは、温度変化の激しさだ。密度が高く、採光によって日中室温が上がる居住環境は、要注意と考えよう。飲む頻度や必要性に応じて、しっかり管理されている小売りでその都度購入する方が、品質管理の上では安心だ。

通常の冷蔵庫に入れることもおすすめできない。一般の冷蔵庫は低温すぎて熟成を阻害するうえ、意外に庫内温度にも幅がある。きわめて頻繁に温度変化が起きて

◆自宅でのワイン管理

ワインセラー

大切なコレクションを長期で管理する場合は、専用ワインセラーが便利。

ワインラック

日々愛飲する分を常温で管理するにはワインラックがおすすめ。インテリアとしても雰囲気のよいのものが人気だ。

いる環境なのだ。管理を怠ると熟成ではなく劣化をまねき、せっかくのワインが台無しになる。ワインの保存は難しい。

長期間ワインを保管したい場合は、専用のワインセラーを用意しよう。十五度程度の適温を設定でき、温度変化は一度未満で管理できるので、変質の心配もない。またコルクを乾燥させないために常時六十パーセント〜七十五パーセント程度の湿度が必要だが、その管理も可能だ。

安価な価格帯のワインを日常的に飲むために買い置くなら、そこまでの注意は不要だ。横に寝かしておけるワインラックがあればいいだろう。ただし直射日光に当たらないよう、置き場所には注意が必要だ。

オープナーの使い方

まずは安全性と確実さで選ぶ

■T字形オープナーはもっとも難しい

ビギナーがワインを飲むうえでもっとも躊躇《ちゅうちょ》するのが、コルクの開栓だ。それは、うまくいかないことが多いから。コルクの開栓に失敗してしまうのには、主にふたつの理由がある。

まずひとつめはコルクの状態。保管時にボトルが立てられていたり、湿度の低い乾燥した倉庫や店頭に置かれていたりするとコルクが乾いて、開栓したときに損傷してしまうことがあるのだ。

もうひとつの理由は多くの場合最初に手にするオープナーが、持ち手にスクリューのついたT字形であることだ。形はシンプルだが、スクリューをコルクにまっすぐさし込むのは意外と難しい。人工コルクではなく目のつまった天然コルクを使った上等なワインほど、まっすぐにはささらない。オープナーがななめに入るとコルクが割れたり途中で折れたりし、それを再度引き抜くときにコルクかすがボトルの

◆テコ式ワインオープナーでコルクを抜く

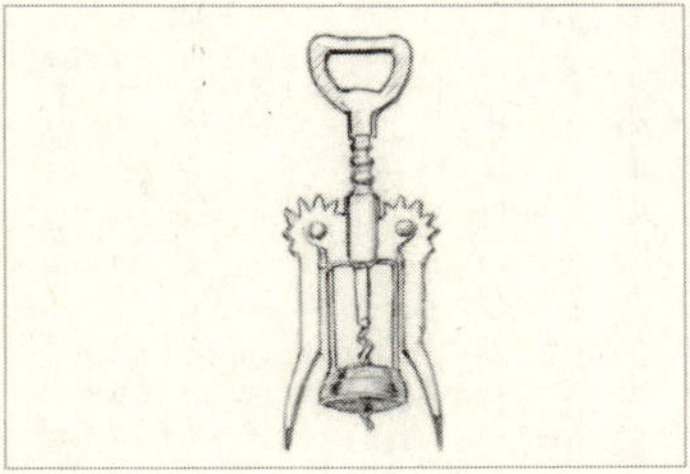

テコ式ワインオープナー

テコの原理で、力を使わず確実にコルクを抜くことができる。

1

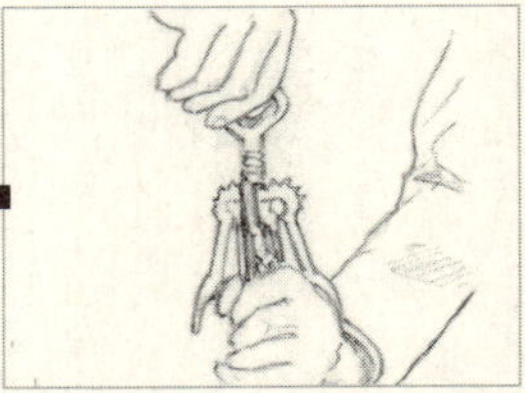

オープナーの先をコルクの中央にさし込む。

2

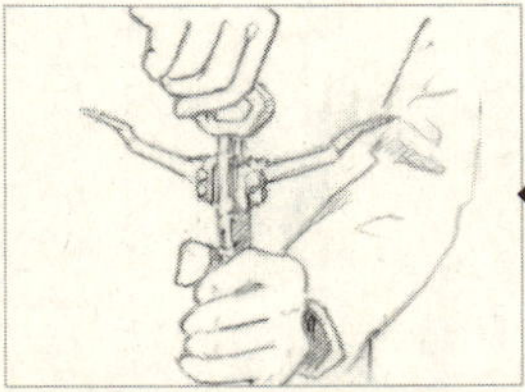

ボトルとオープナーをしっかり押さえながら上部のつまみを回していくと、オープナーが入り両側のレバーが徐々に上がってくる。

3

しっかりねじ込んだら両手でレバーを押し下げる。

4

コルクが１cmほど残ったところで、オープナー自体をゆっくり回して引き抜く。

中に入ってしまう。

もっとも安全なのは、テコ式のオープナーだ。ボトルを固定してまっすぐにスクリューをさし込み、そのときにはねあがった腕の部分を下に押し込んでコルクを引き出す。テコの原理を利用しているので、さほど力を入れなくても容易に開栓できる。

■ソムリエナイフは取り扱いを慎重に

ソムリエが使うソムリエナイフ。優れた装飾を施した工芸品としても目を見はるものがあり、ワインの愛飲家を自認するなら手に入れたいもののひとつだ。フランスのラギオール地方が生産地として有名である。

機能性に関しても、確かな取り扱いをするなら便利な道具だ。しかし乾いたコルクを力まかせに開栓するのであれば、前述のテコ式オープナーの方がいいだろう。キャップシールをきれいに切る。ボトルをゆらさず静かにコルクを抜く。そうした「作法」を実践するためのプロの道具と心得よう。とくにホームパーティーなどで酔って気がゆるんだ状態で使うと、キャップシールを切るカッターでけがをする危険性もある。優雅さを楽しみたいのであれば、取り扱いはくれぐれも慎重に行おう。

どのようなオープナーを使う場合でも、まずコルクの乾燥をチェックし、飲むまでに時間があればボトルをななめに固定して湿らせる。スクリューを中心へ確実にさし、ゆっくりと回していく。開栓も同様に、ゆっくり、静かに。ビンが揺れて中の澱が拡散しないように心がけよう。

■もしもコルクが途中で折れたら

いくら道具がよくても、慎重に取り扱っていても、アクシデントは起こるもの。コルクが途中で折れてしまった場合にはどう対処すればいいのだろうか。

基本は再度スクリューをさし込んで引き抜くのだが、すでにスクリューの通過した穴が残っている場合、同じ場所にまっすぐさしてもゆるいことがある。コルクがある程度残っているときは、できるだけスクリューが入るよう、ななめにさし込む。このときに上からコルクを押しこんでしまわぬよう、力の入れ具合に注意する。そうしてコルクをボトルの内側に押しつけるように、少しずつ上へ引き抜く。この作業は、T字形オープナーの方がやりやすい。安価なものでいいのでT字形をひとつ手元に置いておくと、万が一の場合に役に立つ。

残りのコルクがとても短い場合は、T字形オープナーを二本使ってクロスさせるようにななめにさし込み、二本がクロスしている部分を合わせて握って、回転させながら静かに引き抜く。

ワインオープナーは使用頻度は少なくともワインの注ぎ口にあてて使う道具なので、使用後はコルクを抜き、清潔にして保管しておく。

ワイングラスのそろえ方

安定性があり扱いやすいグラスを選ぼう

■赤・白用のワイングラスの特徴

少しワインの知識が増えてくると、ワイングラスにもさまざまな種類があることに気がつくだろう。なぜワイングラスに複数の種類が存在しているのか。それは各ワインの特徴に合わせた専用のグラスがあるためだ。産地やブドウ品種によって異なるワイン、その特徴を最大限に味わうための工夫が、ワイングラスにはなされているのだ。

レストランだけでなく、自宅でワインを楽しむときにもそうしたグラスで味わいたいものだが、ワインに合わせてひと通りをそろえることはたいへんだ。ワイングラスはたくさんの種類があるので、どんなものをそろえればよいのかと悩む人も多いだろう。

まず最初は、次ページにある「赤ワイン用グラス」と「白ワイン用グラス」の二種をおすすめしたい。この二種類があれば、基本的にはどんなワインを味わうとき

◆最初にそろえたいワイングラス

「赤ワイン用グラス」

チューリップ型。グラスいっぱいに香りが広がる。

「シャンパン・グラス」
グラスの中で沸き立つ細かな泡を舌先で味わうための縦長デザイン。
「フルートグラス」とも呼ぶ。
乾杯用に使う皿型もある。

「白ワイン用グラス」
大きなふくらみが香りをひきたて、縁の広がりが舌先に味わいを広げてくれる。

も十分だからだ。

赤ワイン用はふくらみのあるチューリップ型で口先部分がすぼまっているので、香りをグラス内に満たして外に逃さず、十分に楽しめる。若いワインから熟成したワインまで味わうことができるワイングラスだ。

白ワイン用は手や指の熱を伝えないように、足（グラス下部）が若干長く、口先の縁が開いているのが特徴だ。そそがれたワインが空気に触れやすく、香りや甘味を引き立ててくれる。ホール部分はデリケートなワインの色が楽しめるように、ふくらみをおびたバルーン型がいいだろう。

どちらも色の確認ができる無色透明で柄のないもの。香りが確かめられるよう、鼻先がグラス内に入る口径のものがよい。

次に追加するなら、スパークリングワインの発泡の刺激を舌先で確かめられ、グラス内で立ち上がる泡を目でも楽しめる「シャンパーニュ・グラス」。縦長のグラスの八分目ぐらいまで注いで食事を楽しもう。

このほかにも、産地ごとの特性に合わせたデザインのグラスがある。グラスの形からワインの性質を覚えていくのも面白いだろう。

■店頭でのチェックポイント

自宅で使うワイングラスは割れやすい。飲んで酔ったまま後かたづけをするのも原因のひとつだ。ワイングラスはいつかは割れるもの。そのことを念頭に、最初に購入するときは高額なものを避け、安定感のあるものを選ぼう。

薄手のものは美しく、口当たりもいい。それだけでもワインの味わいがよくなるのだが、日常で使う場合はしっかりした強度があるもの、足の部分が安定していてガタガタしないものを選ぶのが無難だ。

■グラスの手入れ方法

使用後のグラスの手入れは、ワインを楽しんでいくうえでとても大切だ。グラスに汚れや油分が残ったままだと、注がれたワインは本来の実力を発揮できないからだ。

グラスはまず中性洗剤とやわらかいスポンジできれいに洗う。すすいだグラスは逆さにして水を切る。次に吸水性のいいやわらかい布でグラス内部の水分を拭きとり、口の縁、外側、足をていねいに拭いていく。

また拭きとるときには指紋がつかないように、グラスを覆いながら水分を拭きとれる縦長の布が好ましい。グラスの足が折れることもあるので、用心することが必要だ。

保管しているグラスは、ときおり同様に乾いたやわらかい布で拭いて磨き上げるようにすると、次回の使用時も気持ちよく使える。

あまったワインの取り扱い方

開栓後の変化とどうつき合うかを決める

■飲み残したワインはどうする

長くボトルの中で熟成を重ねてきたワインは、開栓と同時に空気に触れて酸化をはじめる。飲み残したものをそのまま常温で放置すれば、時間とともに風味が損なわれ、取り扱いにも苦慮することになる。では、飲み残してしまったワインはどうすればいいのだろうか。

飲み残したものでも、口を密閉して冷蔵庫に保存すれば、数日間は「変化」を楽しみながら飲むことが可能だ。しかし、基本的に開栓後の変化は、酸化による「劣化」と考えた方がいい。一週間を過ぎるようなら、もともとの風味とはかけはなれた印象になるので、料理に使うといいだろう。赤ワインの場合はボトルの底に澱が発生することもあるので、その際は料理に澱が入らないように注意が必要だ。

最初から少量しか飲まないことがわかっていて、後日また味わいたい場合には、専用の詰め替え栓を使う。これには栓を閉めた後、ボトルの中の空気を抜いて無酸

◆飲み残したワインを保存する

空気抜き詰め替え栓
いろいろな製品が出ている。ワインだけでなく、日本酒や各種ビン詰め調味料にも使える。

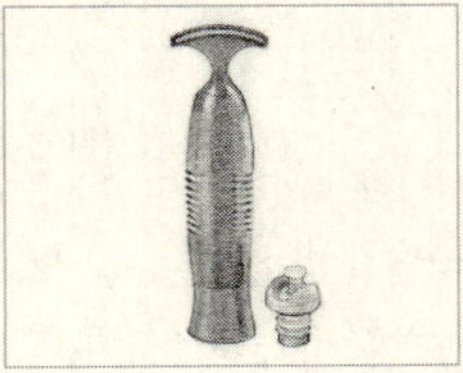

1

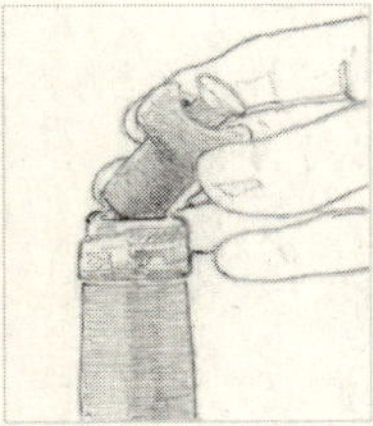

ボトルに栓を差し込む。

2

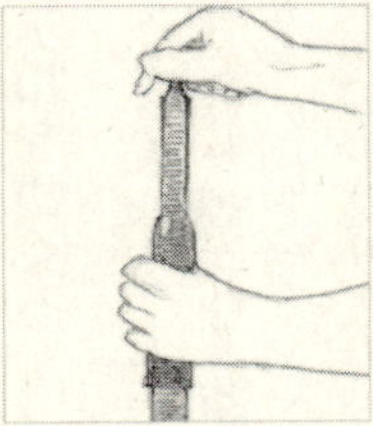

上にポンプをかぶせてハンドルを上下させる。押し込むのが固くなるまで続ける。

3

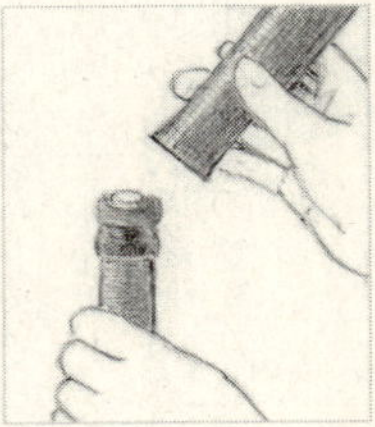

ボトル内の空気が抜けて密閉状態になる。

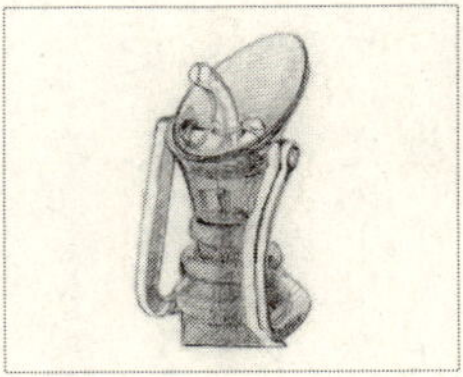

スパークリングワイン用詰め替え栓
ガスを閉じ込め
開栓は容易にできる。

素状態にし、ワインの酸化を抑える機能がついている。

口径が合えばワインボトルだけでなく日本酒や各種調味料のビンにも使えるので、応用範囲は広い。炭酸ガスの圧力に対応した、スパークリングワイン用もある。

また、清潔な空きビンに移し替えて保存する方法もある。残りのワインで一杯にできる大きさで、スクリューキャップタイプのビンに移し替える。これでも酸素に触れることは防げるので、一週間から十日間程度であれば保存できる。

■飲み残しワインでカクテルをつくる

ついつい開けてしまったが飲みきれなかった二本目、期待していたのとは異なる風味のボトル……。ワインを使った料理をつくるほどマメではないという人は、残ってしまったワインで簡単なカクテルをつくってみよう。

37ページで紹介したスペインのサングリアもその一例だ。もっと簡単に、白ワインを炭酸水で割る、赤ワインを炭酸ジュースで割る、スパークリングワインをオレンジジュースで割る、それだけでも立派なカクテルができる。気に入った割り方を見つけたら、ワインは苦手という人に勧めてみるのもいいだろう。アルコール度数が低くなり、渋味や酸味も緩和されるので飲みやすい。

■あえて飲み残す場合とは

かなりしっかり熟成を重ねた赤ワインの場合、澱が沈殿していることがあるので、最後まで注がず、澱がグラスに混入しないようにする。

レストランで高額かつ風味豊かなワインを楽しんだときは、少量を残しておき、ソムリエに勧めてみるのも歓迎される。ソムリエがワイン経験を深めていくことは、回り回って顧客の利益にもつながる。

ソムリエと相談したにもかかわらず期待とは異なるワインだった場合、突き返すのはスマートさに欠ける。そんなときはだまって飲まずに置いてくることも、ひとつのメッセージとなる。

■ワインを料理に使うときは一度煮切るとよい

残ったワインは料理に使っても重宝する。煮込み料理などの長く加熱するものでなく、風味を仕上げに活かしたい料理の場合、ワインをそのまま入れるとアルコール分が消えないことがある。

そういうときは、ワインを鍋で煮切ってから使うと手早く料理を仕上げることができる。ワインを一度煮切ったものを常温に冷まし、それを冷凍しておくと、いつでも使える隠し味になるので覚えておこう。

ワインを飲んだあとはどうすればいい？

飲んだあとは思い出を楽しむ

■ラベルを保存・管理する

飲み終えると消えてしまうワイン。しかし、飲むたびに印象やデータを記録して保管すれば、次にワインを飲む機会はさらに楽しくなり、ワインの経験は豊かなものになっていく。そのためには、ワインの銘柄、産地、飲んだ日付、購入した店（飲んだレストランの店名）、価格、色、香り、味わいなどをノートに記入して、データを蓄積するのがよいだろう。

ボトル表側のラベル（エチケット）には、ワインそのものに関する基本的なデータが記入されている。これをはがして保存していけばワイン経験の記録集になり、コレクションとして見返すときも楽しいものができあがる。

ラベルは、食器用洗剤を少量加えた八十度ぐらいの湯にボトルごと三十分程度つけ置きすればはがせる。また、透明な粘着シールを使ってはがすワインラベル専用シートも売られている（次ページ参照）。これなら裏面にひと通りのデータ記入欄

◆美味しい思い出を記録する

●記録を残すことでワインの経験はより豊かなものになる

ワインを飲んだ経験を常に記録する習慣を身につけよう。単にデータだけを書きとめるのではなく、視覚的な情報と結びつけておくと、後日、味わいの印象を思い出すのに役立つ。

ラベルを専用シートで保存する

透明なシールでラベルをはがし、データ記入欄が印刷された台紙に張って管理する。専用バインダーもあるので、コレクションとしても収集可能。

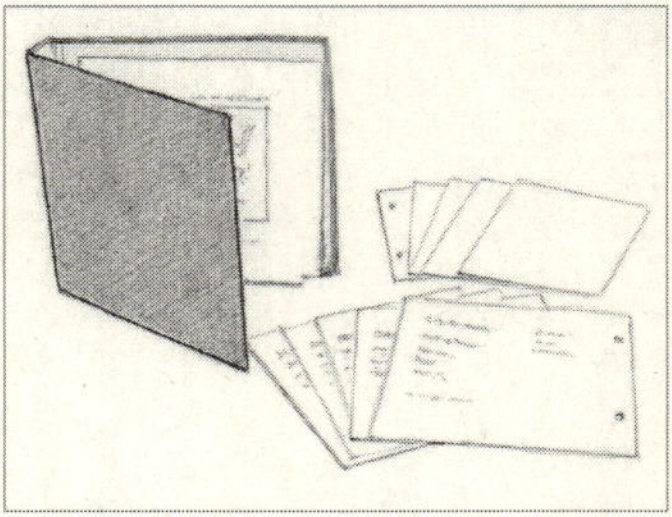

使い方

シール部分をラベルにあてて端からこすり、ラベルの紙の印刷部分だけをはがしていく。台紙に固定し、データを書き添えて保存する。

ブログでワイン日記をつける

飲むたびにデジタルカメラや携帯電話で撮影し、その画像やデータをブログに載せれば日付順のワイン日記が手軽に作成できる。不明点を記入し、後日関連するウェブサイトにリンクしておけば、オリジナルのワイン資料としても活用できる。

があり、それを書いていくことで資料として活用することができる。

そのときに製品のデータとして、輸入・販売や卸し、問屋等の業者についても情報があれば記録しておくとよい。ボトル裏側のラベルには、日本語で関連情報やワインのさらに詳しい情報が記載されていることがあるのでチェックしてみよう。

本格的なレストランであれば、ラベルがほしいと伝えれば、はがして渡してくれる。これは海外でも同様だ。

■デジカメとブログを活用する

とくにラベルそのものをコレクションとして保存するのでなければ、デジカメや携帯電話のカメラで撮影するだけでも十分だ。最近では近くに寄ってもピントが合うマクロ機能や文字をきれいに撮影できるモード設定が装備された携帯電話も多いので、鮮明な画像で記録できる。

撮影データはプリンターで印刷しなくても、そのまま画像データとして整理してもいいし、画像貼り付けができるブログを利用してワイン日記をつけてもいい。携帯電話から直接画像の転送や文章の書き込みができるので、時間と手間をかけずに日々のワイン経験を整理していくことが可能だ。

またラベルだけでなく、ボトルの全体像やコルクの刻印なども個別に撮影しておくとよいだろう。相性がよかった料理を撮影しておくことも、次にワインを楽しむ機会で役立つ。

ただし、ワインのデータ収集に夢中になってしまい、食事の場で撮影ばかりに没頭するのはマナー違反だ。食事をしている場や周囲の人に配慮することも忘れないようにしよう。

■自分の言葉で記録する

ワイン経験の記録は、自分がワインの世界を理解するうえでの地図づくりのようなものだ。無理に専門用語を当てはめてみたり、本で知った言葉に置き換えたりする必要はない。ワインを口にしたときの第一印象や余韻の感じ方を、自分自身の素直な言葉で書き留めていくことが大切なのだ。

先に紹介したように、まず色を見て、次に香りを確かめ、味わいを奥深くまで探る。そうして感じたことをひと言ずつでいいので、何かしら記録しておく。経験が増えていけば、自分の中でそれが分類されていき、必要に応じて専門用語に置き換えられるようになるだろう。

人にワインの魅力を伝えるときに大切なのは自分とワインとの物語だと前述したが（95ページ参照）、それはワインと関わる中で、その都度生まれているものである。データや知識だけでなく、ワインを飲んだ余韻を覚えておくことは、さらにワインを楽しむことにつながる。

COLUMN

映画で深まるワインの楽しみ

■カリフォルニアのワイナリーを巡る旅

欧米の映画作品であれば、日常の酒としてワインが登場するのはよくあることだ。しかし、あくまで画面内の小道具として映っているにすぎないので、特定の銘柄やワインそのものに関わるセリフが交わされることはまれだ。

だが、二〇〇五年度にアカデミー賞最優秀脚色賞を受賞した「サイドウェイ」は、ワインが主役とも言える映画だ。舞台はカリフォルニア州の郊外、サンタイネズヴァレー。ワイナリーが点在し、週末には多くのワインファンがツアーに訪れる場所だ。

高校教師のマイルスは、かなりのワインマニア。結婚を間近にひかえた親友と一週間の旅に出かける。目的は、ゴルフとワイナリー巡り。近代的な設備を整えたワイナリーや美しいブドウ畑の光景、友人に教えるテイスティングの方法など、あらゆるシーン、その画面の隅々までワインの情報があふれている。

サイドウェイ　特別編

2005年劇場公開
fxbnt-27854／20世紀フォックスホームエンターテイメントジャパン

ワインについての言葉が、知識ではなく理解の深さからくるものであり、内面の奥深さを感じさせる大人の物語。

マイルスは地元のレストランで働くマヤのワインに関する知識とするどい味覚に関心をもち、やがて惹かれていく。たがいに今一歩が踏み出せないふたりは、あるときワインへの思いを語り合うのだが、それは本当の自分の考えや気持ちを表現したものとなっている。一方的に知識を披露するのではなく、ふたりのようにワインを飲みながら感想を語り合い、自分の内面を表現できたら素敵だろう。

　観はじめてすぐにワインが飲みたくなる作品でもある。鑑賞時にはぜひ、ピノ・ノワールを一本用意してほしい。

■つくり手たちが赤裸々に語るワインの現実

「モンドヴィーノ～ワインの世界～」

モンドヴィーノ〜ワインの世界〜

2005年劇場公開
tdb123／クロックワークス

よいワインとは何か。そもそもワインとは何か。異なる価値観の意見を交互に聞きながら、自分はどう考えるのかと、自問自答させられる。

は、フランスのドキュメンタリー映画だ。欧米、そして南米のワイン関係者を取材し、現場の声を重ね合わせることで、世界規模で進んでいるワイン市場の変化を浮き彫りにした。二〇〇四年のカンヌ国際映画祭に出品され、フランスでも大ヒットを記録している。

世界十二ヶ国のワインメーカーと契約を結ぶ醸造家ミッシェル・ロラン。世界のワイン市場を左右する影響力をもつ評論家ロバート・パーカー。そして、グローバル化する大手ワイナリー。彼らの言う市場の変革と、それに危機感をつのらせる伝統的なワインづくりにこだわる生産者たち。双方の視線の先にいるはずの私たち飲み手は、実は今ワインに起きていることを何も知らないでいるのかもしれない。

PART3
生産国の特徴と各国のワイン

人々に愛される古今東西のワインを紹介！

世界各国のワイン

伝統か挑戦か、現代ワインの贅沢な選択

現在、ワインを生産している国は六十ヶ国以上。年間平均気温が十度～二十度のブドウ栽培可能地帯に位置する国々である。最近何かと話題にのぼることが多い地球温暖化の影響で、今後生産国はさらに増えると予想されている。

決して少なくはない数なのだが「ワインの生産国といえば？」と問われれば、かなりの人が「フランス」と答えるであろう。あるいはイタリアやドイツといったところだろうか。やはりワインづくりにおける伝統国として、質・量ともにヨーロッパが世界をリードしていることは事実だ。

紀元前までルーツをさかのぼることができる欧州各国のワイ

ンは、その土地その土地の歴史と文化をも味わわせてくれる。いわく、英雄が愛した。いわく、侯爵が求めた……。ヨーロッパワインの楽しみは、長い年月が育んだ個性と逸話を堪能することにあるのかもしれない。

しかし、歴史や伝統ばかりでワインは成り立たない。自由な発想で新しい世界をつくりだす、相反した一面も持っている。地勢、ブドウ品種、栽培法、製造法と、その組み合わせは無限大であり、私たちは未体験の味に出会うことができる。それがアメリカやチリといった新興国、「新世界」の強みであり、魅力でもある。

伝統か、挑戦か。現代ワインは贅沢な選択で溢れている。もちろん伝統のなかに挑戦もあれば、挑戦の中に伝統も存在する。そのうちの「一本」を選びとる幸せを、よりエキサイティングなものにできるよう、各国の代表的ワインとおすすめワインを見ていこう。紹介するのは星の数ほどあるワインの中のひとにぎりにすぎないが、ちょっとした指標にはなりうるはずだ。

フランスワインの特徴

地方ごとに異なる個性豊かな味わいが最大の魅力

■国と地域、格付け基準はダブルスタンダード

フランスワインの特徴は、なんといってもその多様性である。北部の一部地域をのぞいた国土のほとんどでブドウ栽培が行われ、地方ごとに特色あるワイン醸造がなされている。西部の海洋性気候、南東部の地中海性気候、北東部の大陸性気候と、気候区分が違うことでバラエティに富んだワインが生まれているのだ。同じ国で生産されたとは思えないほどの多様性こそが、フランスワインの魅力。それゆえ「ワインの王国」として君臨しつづけ、古今東西、多くの人間を魅了してきたのであろう。

ワインを選定する際、判断基準として役に立つのが格付け制度だ。格付けランクはラベルで確認することができる。現在EU（欧州連合）に加盟する国では、ワインを一般的な「日常用テーブルワイン」（Vins de Table）と良質な「指定地域優良ワイン」（VQPRD）に区分し明記している。

◆フランスワインの格付け

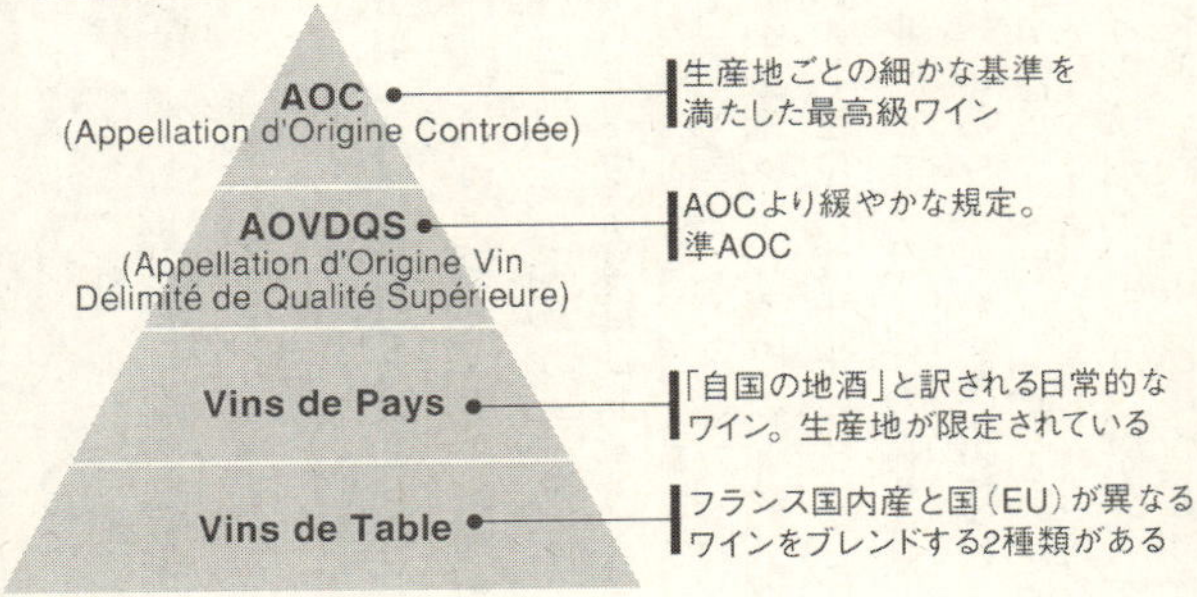
AOC
(Appellation d'Origine Controlée)
生産地ごとの細かな基準を満たした最高級ワイン
AOVDQS
(Appellation d'Origine Vin Délimité de Qualité Supérieure)
AOCより緩やかな規定。準AOC
Vins de Pays
「自国の地酒」と訳される日常的なワイン。生産地が限定されている
Vins de Table
フランス国内産と国(EU)が異なるワインをブレンドする2種類がある

◆独自の格付けがある地域

メドック、グラーヴ、サンテミリオン、シャブリ、コート・ド・ボーヌなど

　さらにフランスでは、日常用ワインをＶｄＰとＶｄＴに、指定地域優良ワインをＡＯＣとＡＯＶＤＱＳにわけている。中でも「原産地統制名称」と呼ばれるＡＯＣは、一九三五年に確立された、格付け基準の元祖ともいえる存在だ。

　認定基準はブドウの栽培方法、醸造方法など多岐に渡り、厳しく審査されている。伝統的な生産方法を守ることも重要視されているため、格付けが上であるほど地方独自の味わいを堪能できるといえる。

　さらに、ＡＯＣが制定される以前から使われてきた独自の格付け制度が各地域で今でも根付いている。国と地域、ふたつの格付け基準が、ワインの品質を保証してくれているのだ。

フランスワインの生産地を知ろう

「ワインの王国」には個性豊かな生産地が多数存在

■ボルドー、ブルゴーニュの二大銘醸地に加え、ほぼ全土でワインを生産

国土のほぼ全域でブドウ栽培が行われているフランスの中でも、質・量ともにトップクラスを誇るのが、ボルドー、ブルゴーニュの両地方である。

ボルドーワインは長期熟成タイプのものが多く、重厚でどっしりとした味わいから「ワインの女王」にもたとえられる。シャトー・マルゴーやシャトー・ラトゥールで有名なメドックをはじめ、グラーヴ、ソーテルヌなどの各地区には最高級赤・白ワインを生みだす生産者（シャトー）が多数存在している。

ブルゴーニュは成分の異なる土壌が何層にも重なる丘陵《きゅうりょう》地のため、同じブドウの品種によるワインでもその味わいは畑（クリュ）によって大きく異なる。ブドウ園（テロワール）による多様性を如実に実感できるので、飲み比べても面白いだろう。白ワインで有名なシャブリや、コート・ド・ボーヌ、ボジョレー赤などがある。

コート・デュ・ローヌの北部地域では高級ワインが、南部地域では手頃なワイン

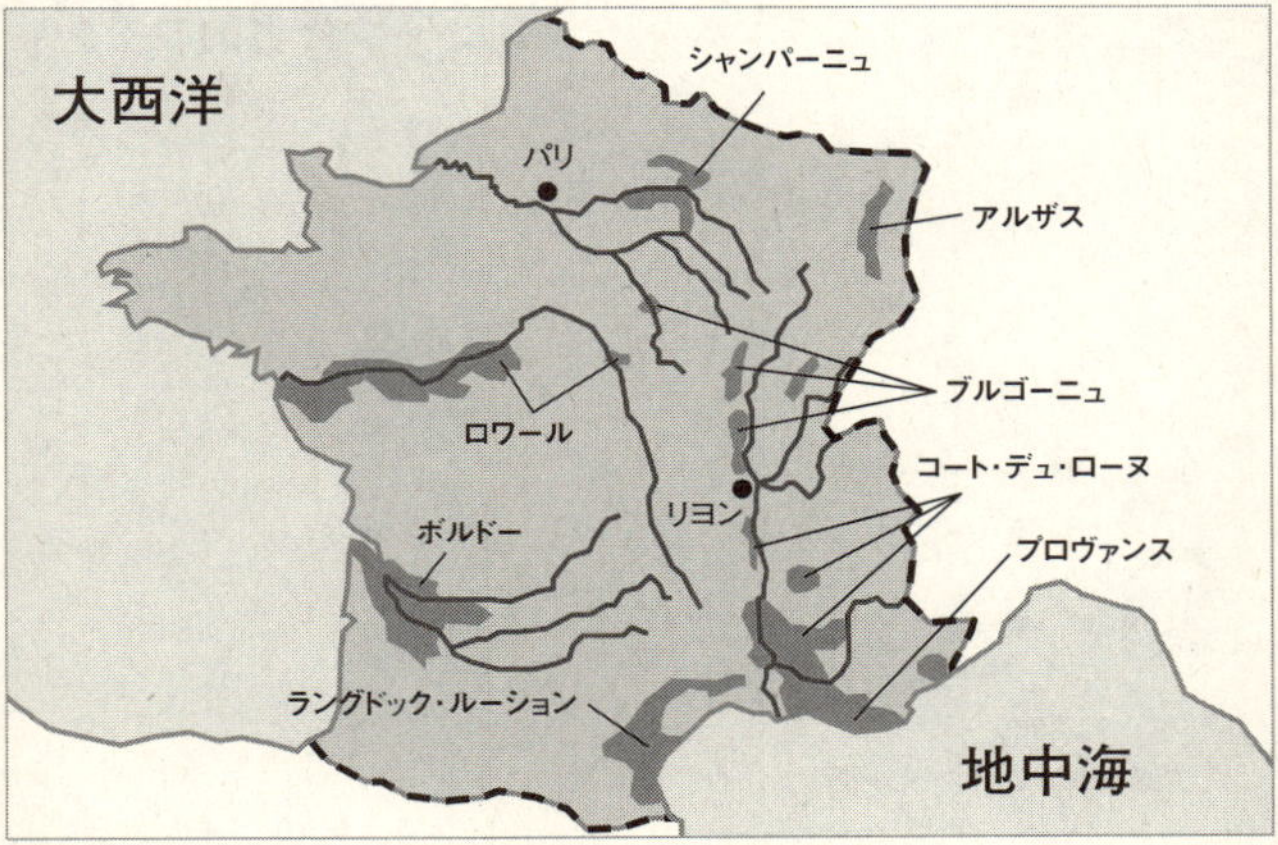

が生産されている。クセが強く、色・味ともに濃厚なのが特徴だ。

スパークリングワインで有名なシャンパーニュ地方は、ブドウ栽培地域の北限。寒冷であるためどうしてもブドウの酸味が強くなってしまうが、スパークリングワインとなることで、独特の切れ味が生まれるのである。

ドイツ統治下にあった歴史を持つアルザスでは、ブドウもドイツと同じ品種が栽培されている。ただ、中甘口が代表的なドイツワインとは違い、辛口の白ワインが一般的だ。

ロワール川流域に連なるロワール地方は、赤、白、ロゼ、スパークリングとあらゆるタイプが生産されているが、とくにロゼの豊富さから「ロゼワインの宝庫」と呼ばれている。

ボルドーの代表的ワイン①

味	軽☆☆☆☆★重
主なブドウ品種	カベルネ・ソーヴィニヨン メルロ カベルネ・フラン プティ・ヴェルド
価格帯	¥30,000〜
格付け	AOC・1級（メドック地区）

シャトー・ラフィット・ロートシルト

ポンパドール夫人が愛した芳醇《ほうじゅん》な香り

繊細で口当たりがよく、酸味と渋味のバランスが絶妙。力強さと奥深さを備えた、ボルドー産赤ワインの中ではもっともベーシックなスタイルといえよう。

一三五五年設立という歴史を誇り、メドック地区の格付けでは一級に分類される超名門シャトーだ。

ルイ十五世の寵妃ポンパドール夫人が愛したことで、当時ブルゴーニュワイン一辺倒だったフランス貴族の間で一躍ステータスシンボルとなった。その名声は現在もつづいている。

ボルドーの代表的ワイン②

味	軽☆☆☆☆★重
主なブドウ品種	カベルネ・ソーヴィニヨン メルロ カベルネ・フラン
価格帯	¥25,000～
格付け	Cru Classé de Graves（グラーヴ地区）・ AOC・1級（メドック地区）

シャトー・オー・ブリオン

ふたつの地区で格付けされる唯一の存在

一六六〇年代にボルドー・ルージュの基本スタイルを構築したとされるシャトー・オー・ブリオンは、絹のような飲み口が官能的な気品あふれる逸品だ。ナポレオン政権下の外相タレイランが愛飲し、ウィーン会議などの外交時にもふるまわれたという。

グラーヴ地区のシャトーだが、メドック地区の格付けが創設された際（一八五五年）、秀逸さから例外的に一級へ。その後整備されたグラーヴ地区の格付けにも名前を連ね、ふたつの地区で格付けされる唯一の存在となった。

ボルドーのおすすめワイン①

味	軽☆☆☆★☆重
主なブドウ品種	カベルネ・ソーヴィニヨン メルロ カベルネ・フラン プティ・ヴェルド
価格帯	¥5,000〜
格付け	AOC・5級（メドック地区）

シャトー・ポンテ・カネ

格付けは五級、実力は二級クラスのお値打ワイン

力強いタンニンとふくよかなコクが優雅な、長期熟成タイプの赤ワイン。ポイヤック村のワインとしては古典的な味わいといえよう。

メドックの格付けは五級となっているが、実力的には二級クラスとの呼び声も高い。一級のシャトー・ムートン・ロートシルトの向かいに位置する絶好のクリュ（畑）に加え、近年、安定して高品質のワインを提供しつづけていることも評価を上げる要因となっている。ボルドー入門編としてもおすすめできる魅力的な一本だ。

ボルドーのおすすめワイン②

味	軽☆☆☆★☆重
主なブドウ品種	メルロ カベルネ・ソーヴィニヨン マルベック
価格帯	¥5,000～
格付け	AOC・Cru Classé de Graves（グラーヴ地区）

シャトー・ブスコー

「ブドウ畑の王子」一族がつくる優雅な味わい

カシスや木イチゴといった果実味が豊富で、ガーネットを思わせる濃い色合いも美しい。適度な渋味とやわらかな酸味が優雅な調和を保っている。

オーナーはボルドーに十二ものシャトーを所有し、「ブドウ畑の王子」の異名をとっているリュシュアン・リュルトン一族。

創業者の「土壌とブドウの持ち味を最大限に活かし、情熱をこめてつくる」というポリシーのもとで真摯に生産されるワインは、赤だけでなく白もグラーヴ地区の格付けに指定されている。

味	軽☆☆☆★☆重
主なブドウ品種	カベルネ・ソーヴィニヨン メルロ プティ・ヴェルド
価格帯	¥5,000〜
格付け	AOC・3級（メドック地区）

シャトー・ラグランジュ

日本企業によるシャトーの再建 さらなる飛躍に期待

一九八三年、日本企業としては初めてフランス政府から認可を得たサントリーが買収した。メドック地区三級という格付けとは裏腹に当時のシャトーはひどく荒廃していたが、現地スタッフの惜しみない努力でブドウ畑や施設が生まれ変わり、生産開始直後から高い評価を得ている。

なお、ブドウ樹木が良質な実をつけるようになるには二十年の歳月が必要とされている。二〇〇三年を過ぎた現在、ラグランジュのワインはさらなる飛躍を遂げるに違いない。

ブルゴーニュの代表的ワイン①

味	軽☆☆☆☆★重
主なブドウ品種	ピノ・ノワール
価格帯	¥200,000〜
格付け	AOC・特級畑名ワイン

ロマネ・コンティ

一本百万円！史上最高の赤ワイン

世界に名だたる超高級赤ワインの中で、頂点に君臨するといっても間違いないだろう。

年間平均生産量が六千本という希少性から、百万円を超えて売買されるケースも珍しくない。その興味をあおる価格が話題になりがちだが、「神に約束された地」と呼ばれるクリュ（畑）で生まれたピノ・ノワールがもたらす華やかな香りと複雑な味は、飲む者を圧倒するパワーを持つ。「人類がつくりだした最高のワイン」という評価も大袈裟には感じられない。

ブルゴーニュの代表的ワイン②

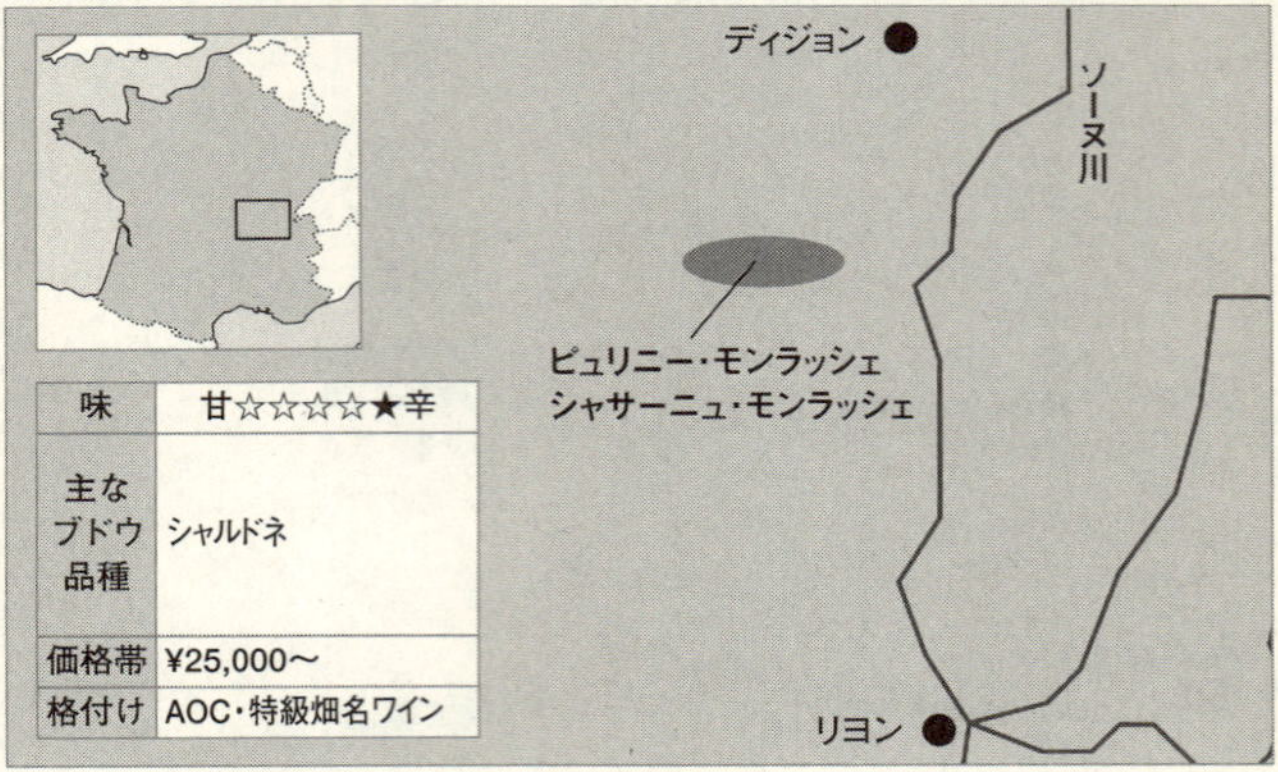

味	甘☆☆☆☆★辛
主なブドウ品種	シャルドネ
価格帯	¥25,000〜
格付け	AOC・特級畑名ワイン

モンラッシェ

ルイ王朝時代からもてはやされる最高峰白ワイン

ピュリニー・モンラッシェとシャサーニュ・モンラッシェで生産される、力強さと繊細さを合わせもつ世界最高峰の白ワイン。

　ふたつの村に特級畑が五つあり、一級（十六）には村名と畑名が併記される。生産者による違いはあるが、果実感あふれる優雅な味わいが特徴的だ。熟成がすすむにつれて、フルーティーな香りから上品で洗練された芳香に変化していく。その歴史は古く、十七世紀のルイ王朝時代には「貴族のワイン」として愛されていたという。

ブルゴーニュのおすすめワイン①

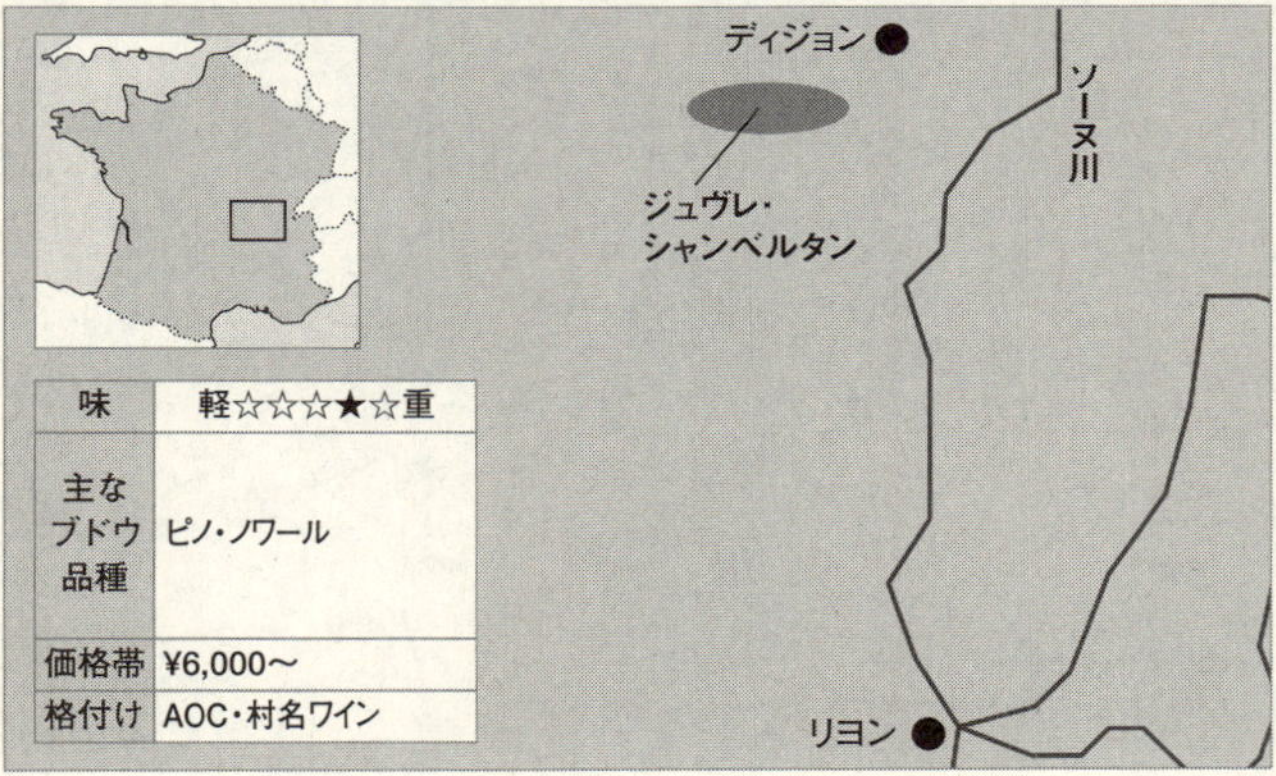

味	軽☆☆☆★☆重
主なブドウ品種	ピノ・ノワール
価格帯	¥6,000～
格付け	AOC・村名ワイン

ジュヴレ・シャンベルタン

ナポレオンも愛したパワフルなワイン

特級畑のシャンベルタンはかのフランスの英雄、ナポレオン・ボナパルトがこよなく愛したことでも有名で、ロシア遠征の際、現地までわざわざこのワインを運ばせたというエピソードも残っている。

英雄の動力源となっただけあって、力強く、ボリューム感あふれる男性的なワインといえよう。

皇帝にあやかって、村名ワインのジュヴレ・シャンベルタンを人生やビジネスのビッグチャンスに開けてみるのも面白いかもしれない。

ブルゴーニュのおすすめワイン②

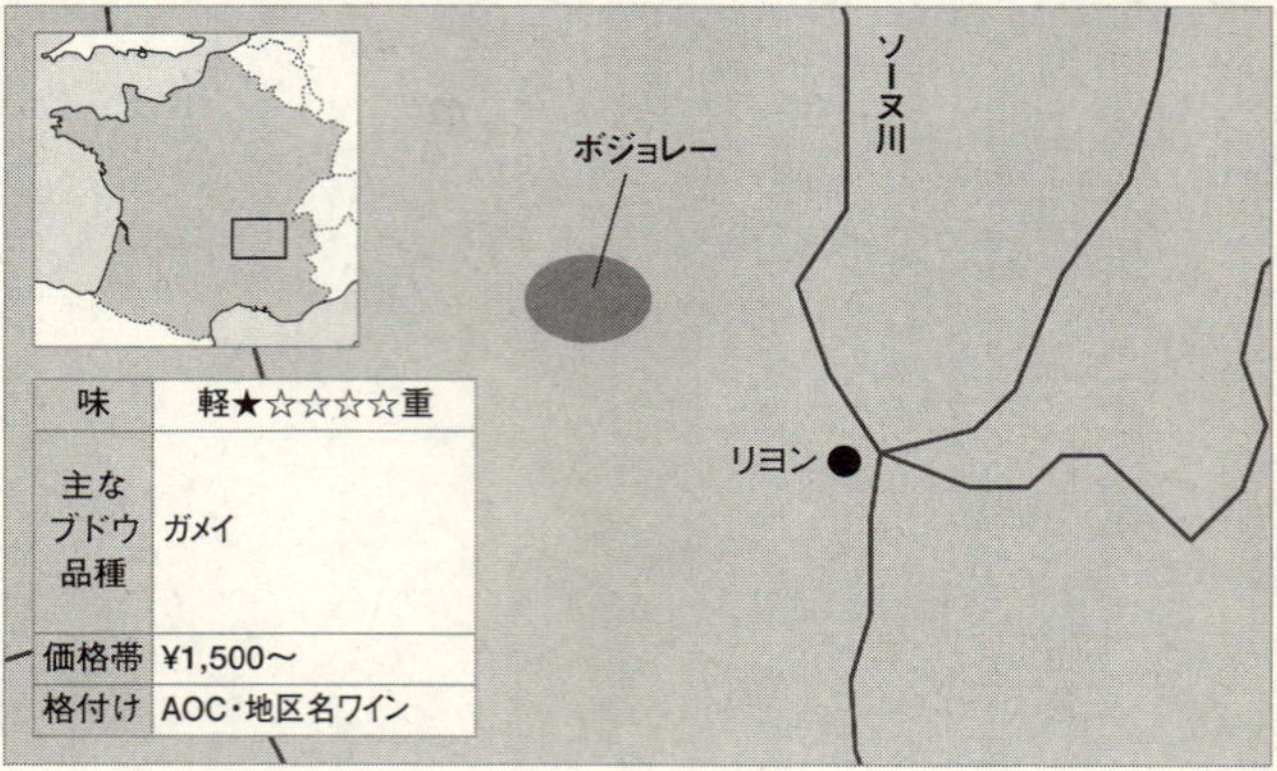

味	軽★☆☆☆☆重
主なブドウ品種	ガメイ
価格帯	¥1,500〜
格付け	AOC・地区名ワイン

ボジョレー

晩秋をいろどる美味なる風物詩

毎年十一月の第三木曜日に解禁されるボジョレー・ヌーヴォーとは、ブドウの収穫から四十〜五十日で飲める新酒のこと。季節物ということで解禁の事実だけがニュースになりがちだが、渋味が少なく、酸味が活き活きとして飲みやすく、ワイン初心者にも親しみやすい。値段も手頃なものが多いので、数名で持ちより生産者による味の違いを楽しんでみてもいいだろう。

ボジョレー地区ではヌーヴォー以外のワインも生産されているが、フルーティーでフレッシュなタイプが多い。

ブルゴーニュのおすすめワイン③

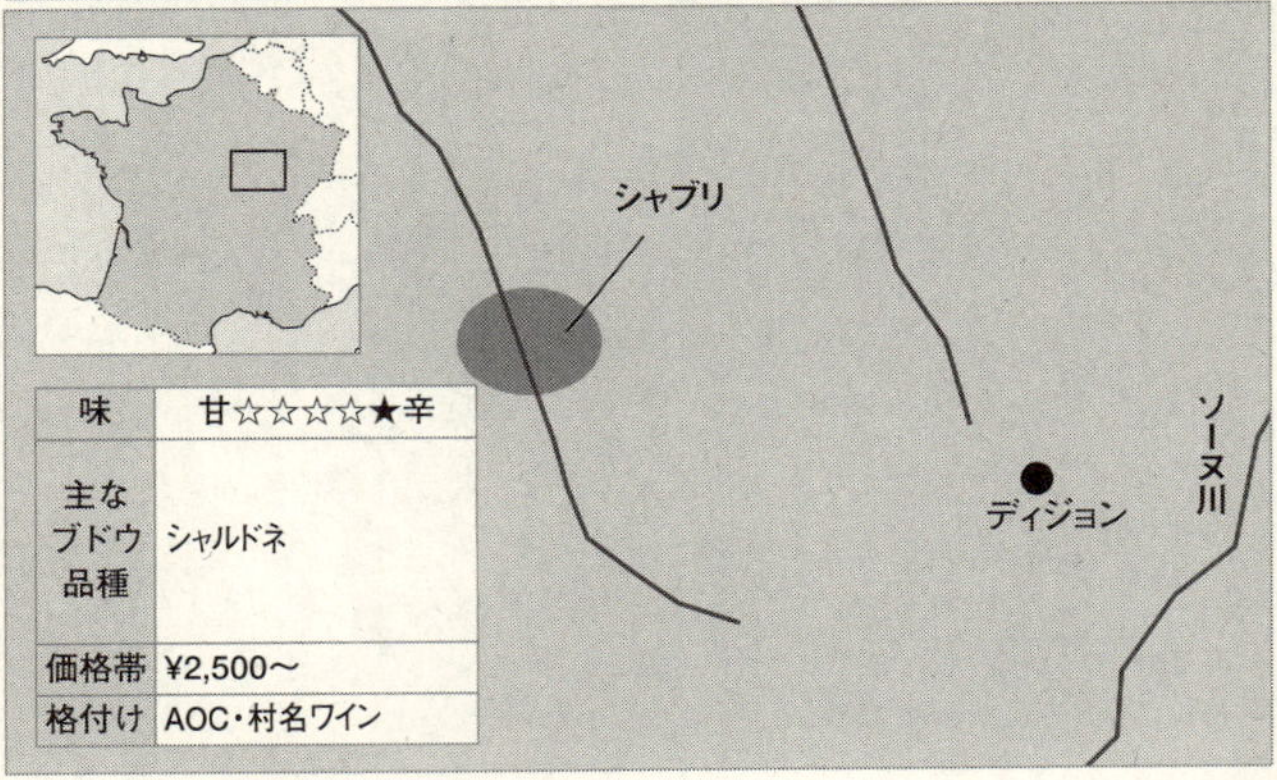

味	甘☆☆☆☆★辛
主なブドウ品種	シャルドネ
価格帯	¥2,500～
格付け	AOC・村名ワイン

シャブリ

辛口が魚介類を引き立てる「生ガキにはシャブリ」が定番

シャブリ地区で醸造される辛口の白ワイン「シャブリ」は、魚介類に合うことで有名だ。日本では「生ガキにはシャブリ」という言葉が浸透しているが、実際はどんな料理ともマッチする優等生でもある。

ブルゴーニュ地方最北の地区で栽培されるシャルドネ種に由来する、やや強い酸味が独自のキリリとした味わいを生みだす。フランス国内でも人気が高く、生産量も多い。また、同じ「シャブリ」でも、価格は畑（クリュ）の格付けによって大きく違ってくる。

フランスその他地域の代表的ワイン

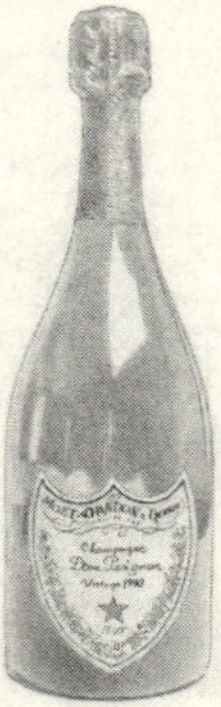

味	甘☆☆☆☆★辛
主なブドウ品種	ピノ・ノワール シャルドネ
価格帯	¥15,000～
格付け	AOC・Grand Cru（シャンパーニュ地区）

キュヴェ・ドン・ペリニヨン

有名な最高級シャンパーニュ名前の由来は発明者にあり

キュヴェ・ドン・ペリニヨンはキレ味鋭い飲み口と繊細な泡、滑らかなのどごしで多くの人々を魅了する最高級シャンパーニュ（シャンパン）だ。日本では「ドンペリ」という略称で知られているが、その名前はシャンパーニュを発明したとされる修道士ドン・ピエール・ペリニヨンに由来する。

通常のシャンパーニュが生産年の違うブドウをブレンドし醸造するのに対して、単一生産年のブドウのみを原料とし、シャンパーニュでは珍しくラベルにヴィンテージが記載されている。

フランスその他地域のおすすめワイン①

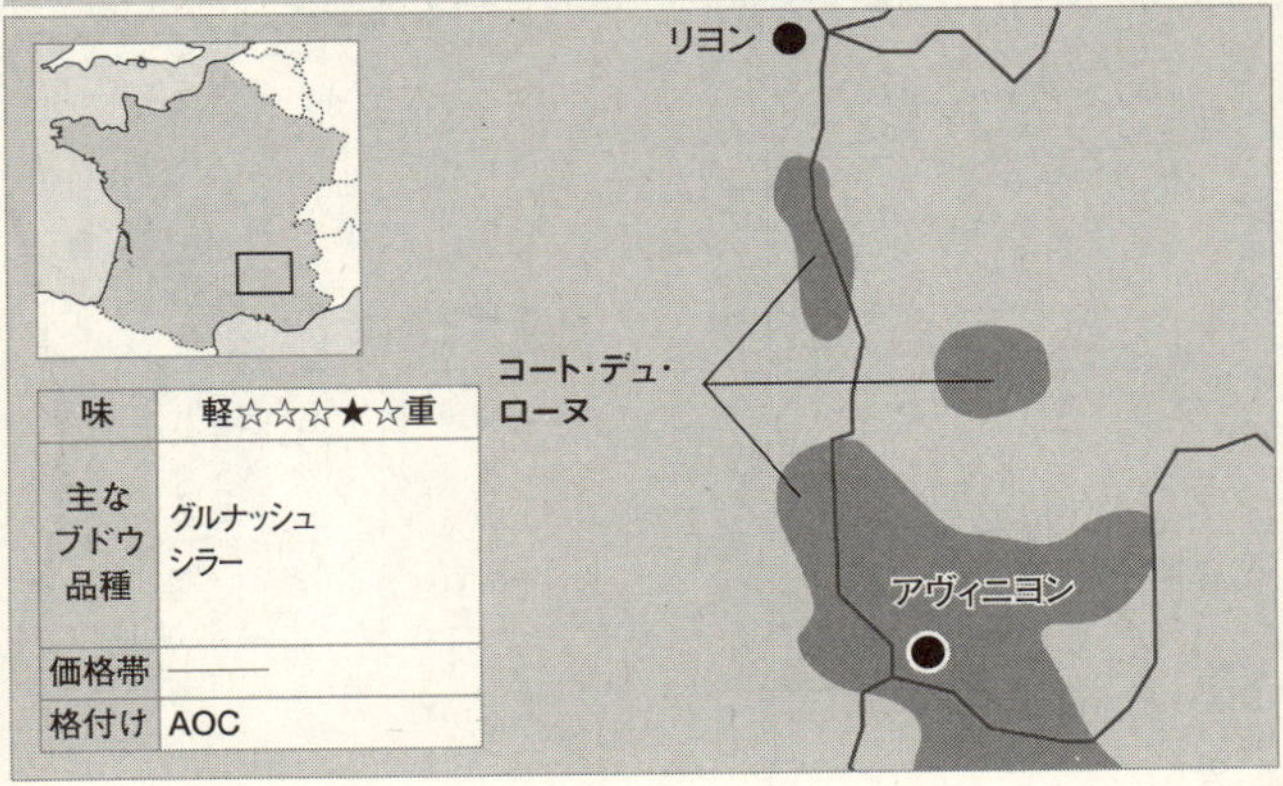

味	軽☆☆☆★☆重
主なブドウ品種	グルナッシュ シラー
価格帯	――
格付け	AOC

コート・デュ・ローヌ・ルージュ

太陽の恵みを実感できる ふくよかな芳香

ローヌ川流域に広がるコート・デュ・ローヌ地方は、ローマやギリシャから最初にワインづくりが伝えられたフランスワイン最古の地である。「太陽のワイン」と呼ばれるこの地方の赤ワインはふくよかな芳香が特徴的で、温暖な気候の中成熟したブドウの旨味、渋味が凝縮されている。

北部地域では生産量が少なく希少性の高いプレミアムワインが醸造され、南部地域では大量生産による手頃な日常ワインが醸造されている。ＴＰＯに合わせて選んでみてほしい。

フランスその他地域のおすすめワイン②

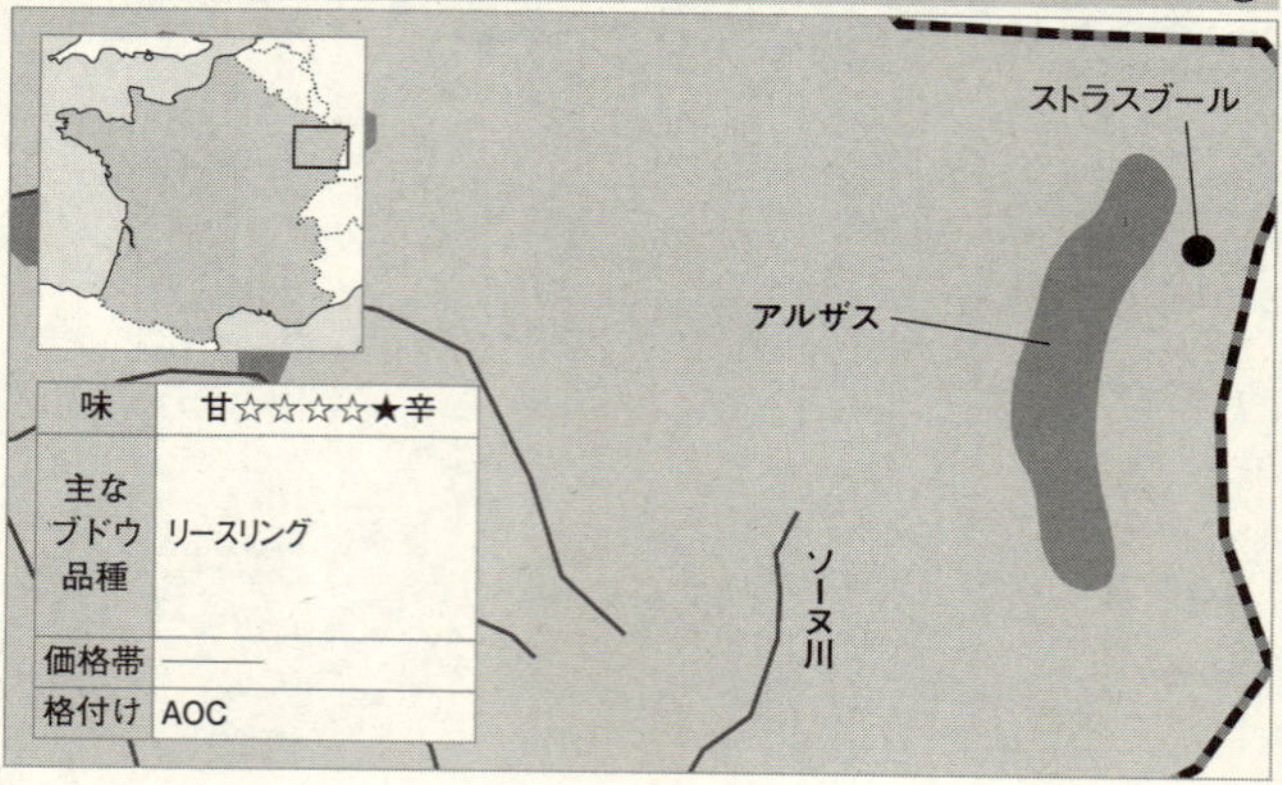

味	甘☆☆☆☆★辛
主なブドウ品種	リースリング
価格帯	———
格付け	AOC

アルザス・リースリング

ドイツの下地をフランス流に昇華
独自のワイン文化が栄える

アルザス地方はかつてドイツに統治されていた影響から、ドイツのブドウ品種を使った白ワインを生産している。フランスワインとしては珍しく細長いフルート瓶を使用したりラベルにブドウ品種を明記したりと、独自のワイン文化が発展している地域といえる。ただ、ドイツ産よりも辛口に仕上げられており、フレンチテイストも色濃く息づいている。

華やかな香りとキリッとした飲み口で、料理を選ばず気軽に楽しめる人気銘柄だ。

フランスその他地域のおすすめワイン③

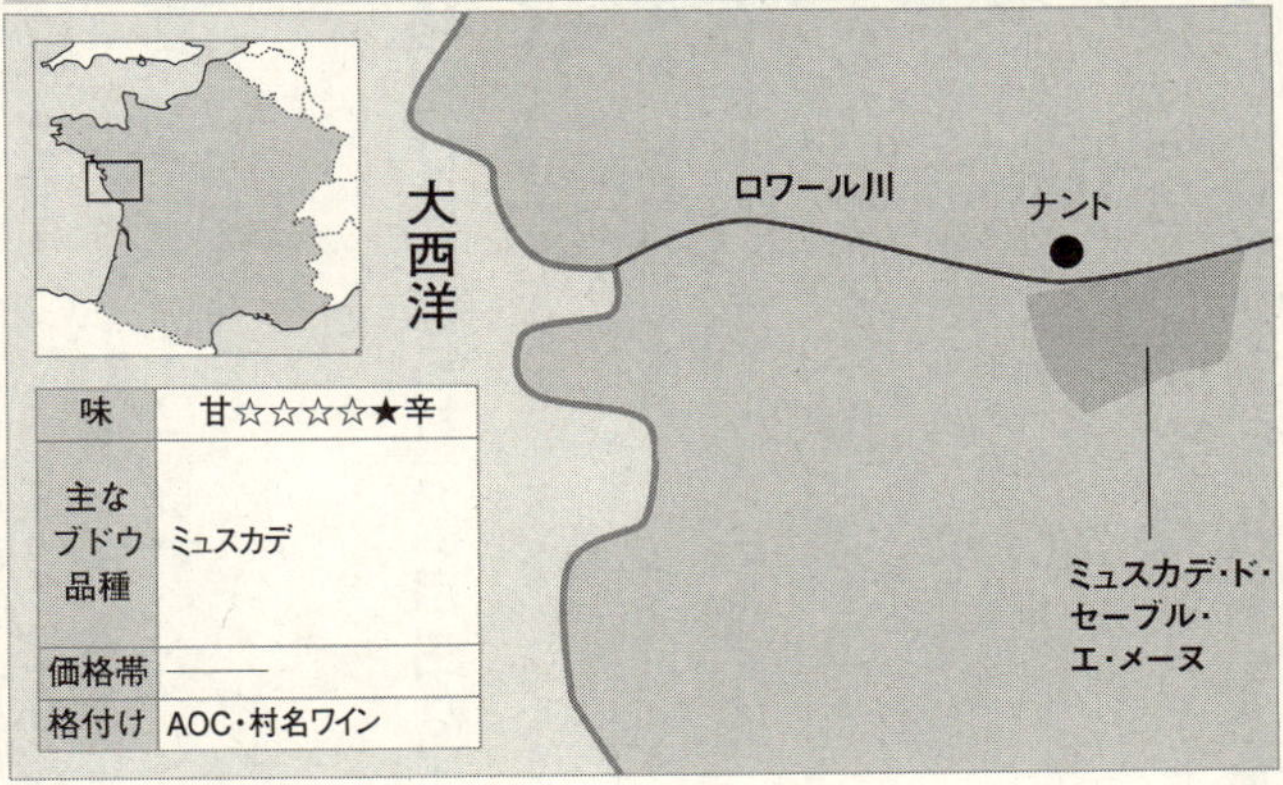

味	甘☆☆☆☆★辛
主なブドウ品種	ミュスカデ
価格帯	―――
格付け	AOC・村名ワイン

ミュスカデ・ド・セーヴル・エ・メーヌ

大寒波を機会に生まれた上質白ワイン

ロワール地方のナント地区で栽培されるマスカットに似た香りのミュスカデを原料とした、エレガントな酸味と清涼感あふれる味わいが身上の辛口白ワインだ。セーブル川とメーヌ川周辺の二十三村で醸造されている。

ミュスカデ地区は十八世紀に大寒波に襲われ、ブドウ樹木が全滅した際、寒さに強い品種としてブルゴーニュ地方のムロン・ド・ブルゴーニュ種が移植された。他地域ではあまり生産されていないため、このワインの重要な個性となっている。

イタリアワインの特徴

世界トップクラスの生産量、フランスにならぶ「ワイン大国」

■格付けにしばられない自由な生産者たちの台頭

イタリアにおけるワインづくりの歴史は古く、紀元前八〇〇年ごろにギリシャから伝えられたとされている。やがて古代ローマ帝国が繁栄するにつれ、ワインはフランスやドイツをはじめとするヨーロッパ全域に伝播《でんぱ》していった。そこから数々の偉大なワインが誕生したことを思えば、イタリアの功績は大きいといえる。現在でも、イタリアはフランスと世界におけるワイン生産量のトップを争う一大銘醸地である。それでもフランスにくらべ「ワイン王国」というイメージがあまりしないのは、生産されるほとんどのワインがEU法における「日常用ワイン」で、世界的に名前を知られる超高級ワインが少ないためであろう。

イタリアの格付けは、フランス同様「日常用ワイン」と「指定地域優良ワイン」とに分けられているが、さらにそれぞれが二段階、計四段階に分類され、原料や面積あたりの収穫量、製造方法などを基準に、生産者による「ワイン保護協会」と

◆イタリアワインの格付け

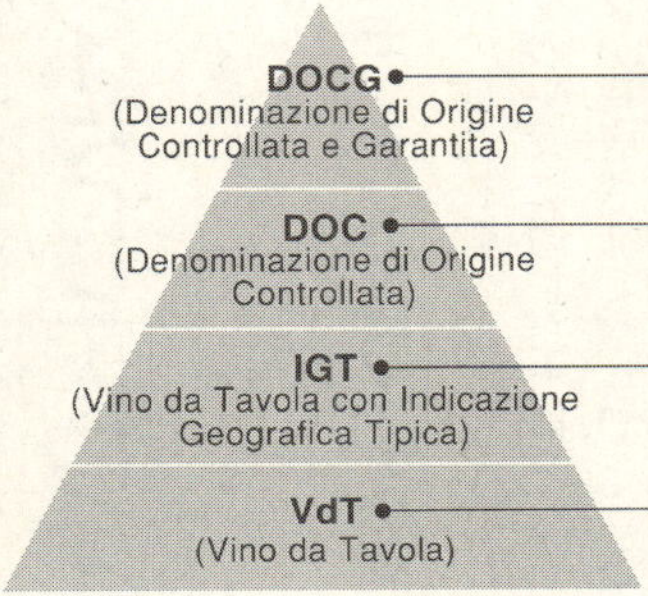

DOCG：統制保証原産地呼称ワイン。もっとも厳しい基準のもと管理された最高級イタリアワイン。36銘柄認定

DOC：フランスのAOCにあたる。製造法や品種が法律によって規制されており、315銘柄が認められている

IGT：限定された地域の推奨ブドウを85％以上使用した、特定産地名称ワイン

VdT：国内産のブドウによるテーブルワイン。なかにはDOC申請をしていない、革新的生産者の高品質ワインも含まれる

（2007年現在）

「国立原産地呼称委員会」とが審査している。

厳しい審査基準がある一方で、イタリアワインの特徴は格付けにしばられない自由な発想の生産者が多い点にある。だがワイン法は伝統的な製法に重きを置くので、新技術をとりいれるのが難しい。そこで生産者たちは、あえて日常用ワインの中で、新たな味を追求することにしたのだ。この試みは成功し、国際的な評価を得ているスーパー・テーブルワインも少なくない。

消費者にとってみれば思わぬところで隠れた逸品に出会え、宝探しのような面白さが味わえる。さらに、手頃な価格が多いのも嬉しいところ。安くて、自由で、楽しい庶民の味方。それが現代イタリアワインの姿だ。

イタリアワインの生産地を知ろう

温暖な気候に恵まれ、国土全体で陽気なワインが生産される

■ピエモンテ、トスカーナの両州が二大銘醸地

南北にのびた長靴の形でおなじみのイタリアは、温暖な気候に恵まれ、国土全体がブドウの生育に適した土地となっている。事実、イタリア全体では二百種類以上のブドウが栽培されており、そこからさまざまなタイプのワインが誕生してきた。

比較的涼しい北部地域における代表的銘醸地はピエモンテ州だ。アルプスの麓《ふもと》に位置する同州は「イタリアのブルゴーニュ」とも呼ばれ、単一品種を原料とした赤ワインがおもに生産されている。長期熟成タイプのDOCGワイン「バローロ」や「バルバレスコ」は世界的にも有名である。また、イタリアの在来品種を使っているヴェネト州産の銘柄も人気が高い。

中部地域ではフィレンツェやピサを擁《よう》し、世界中から観光客が訪れるトスカーナ州で上質なワインがつくられている。イタリアを代表する赤ワインとして名をはせる「キャンティ」だけでも数百をこえる生産者がいるというのだから、そのスケー

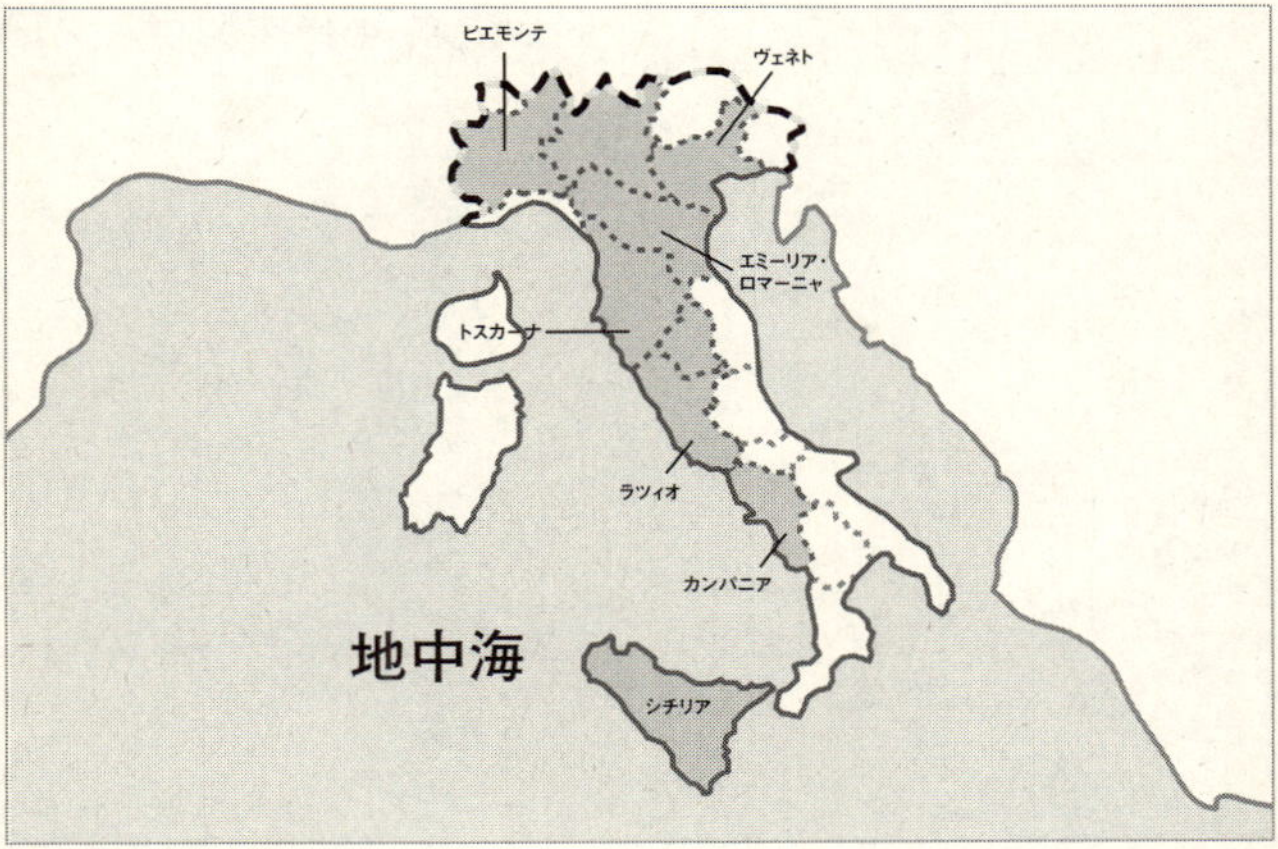

ルの大きさがわかるだろう。さらにワイン法の格付けにとらわれず、テーブルワインとして勝負する「スーパートスカーナ」と呼ばれるワインの生産者が急増しているのも大きな特徴だ。お隣ラツィオ州の飲みやすい「フラスカーティ」や印象的なネーミングの「エスト！エスト!!エスト!!!」といった銘柄も知られている。

長靴のつま先からかかとにあたる南部地域は、国内で消費される手ごろなテーブルワインの供給源として機能している。日光を浴びて糖度をあげたブドウが、酸味の少ない陽気なワインに変身していく。古代ローマ人から「ワインの土地として最高の大地」と言われたカンパニア州や、ブドウの生産量の多いシチリア州が主要産地だ。

ピエモンテの代表的ワイン①

味	軽☆☆☆★☆重
主なブドウ品種	ネッビオーロ
価格帯	――
格付け	DOCG

バローロ（フォンタナ・フレッダ）

イタリアワインの王様は芳香が魅力の長期熟成タイプ

古くから「ワインの王であり、王のワインである」と讃《たた》えられてきた「バローロ」は、ネッビオーロ種を原料とするDOCG赤ワインだ。重厚で力強いタンニンとスミレを思わせる芳香が魅力。最低三年の熟成期間を経て出荷され、四年以上はRiserva《リセルヴァ》、五年以上はRiserva《リセルヴァ》 Superiore《スペリオーレ》と表記され、複雑さを増した味わいとなる。

フォンタナ・フレッダ社は一八五八年設立の歴史を誇る生産者。渋味とコクが十分に楽しめる、香り高いふくよかなバローロとなっている。

ピエモンテの代表的ワイン②

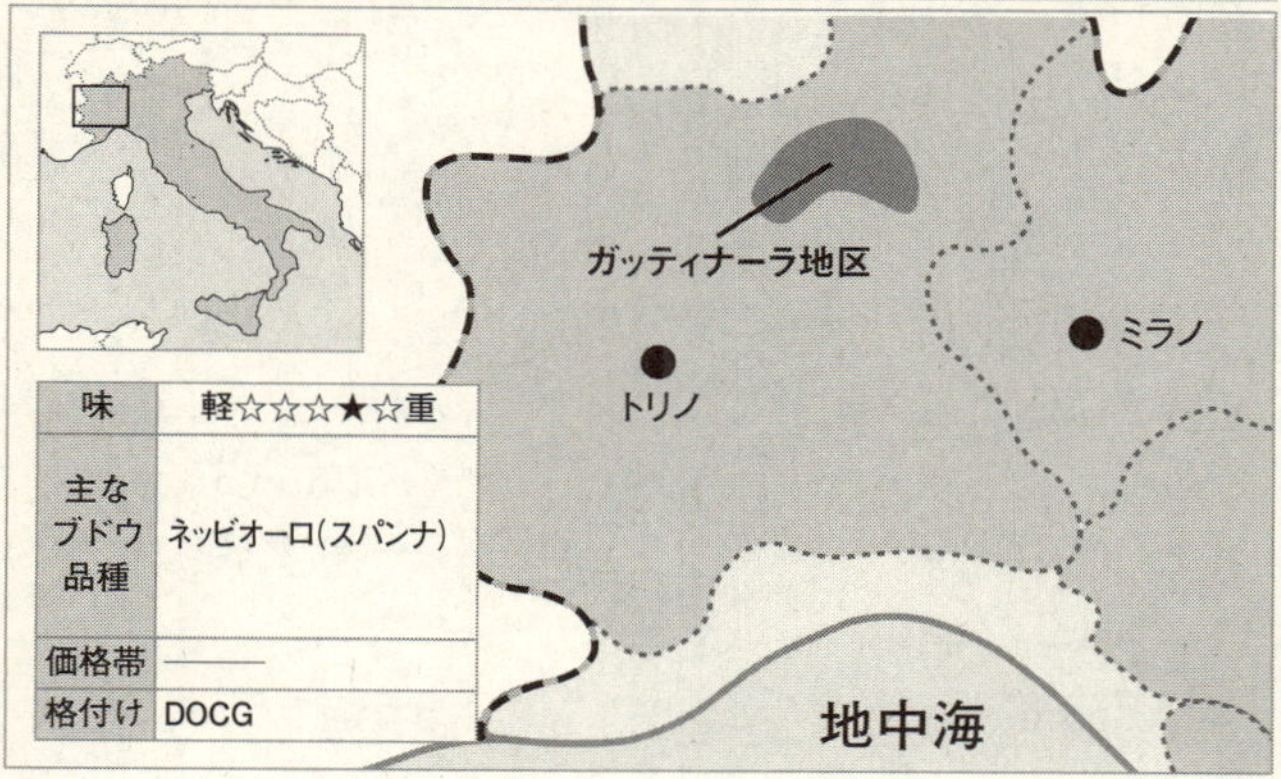

味	軽☆☆☆★☆重
主なブドウ品種	ネッビオーロ(スパンナ)
価格帯	―――
格付け	DOCG

ガッティナーラ

ネッビオーロが生む花のような香り

DOCG赤ワイン「ガッティナーラ」は生産地であるガッティナーラ村では「スパンナ」とも呼ばれ、「バローロ」と同様、ネッビオーロを原料としている。このブドウから生まれるワインの特徴は、木いちごの香りから熟成に従い上品なスミレの香りに変わることで、バラのように芳醇な香りも鼻をくすぐる。

生産量はバローロの十分の一と、希少性も高い。熟成タイプの濃厚なワインのため、シチューやジビエといった濃厚な料理にあわせたい。

ピエモンテのおすすめワイン①

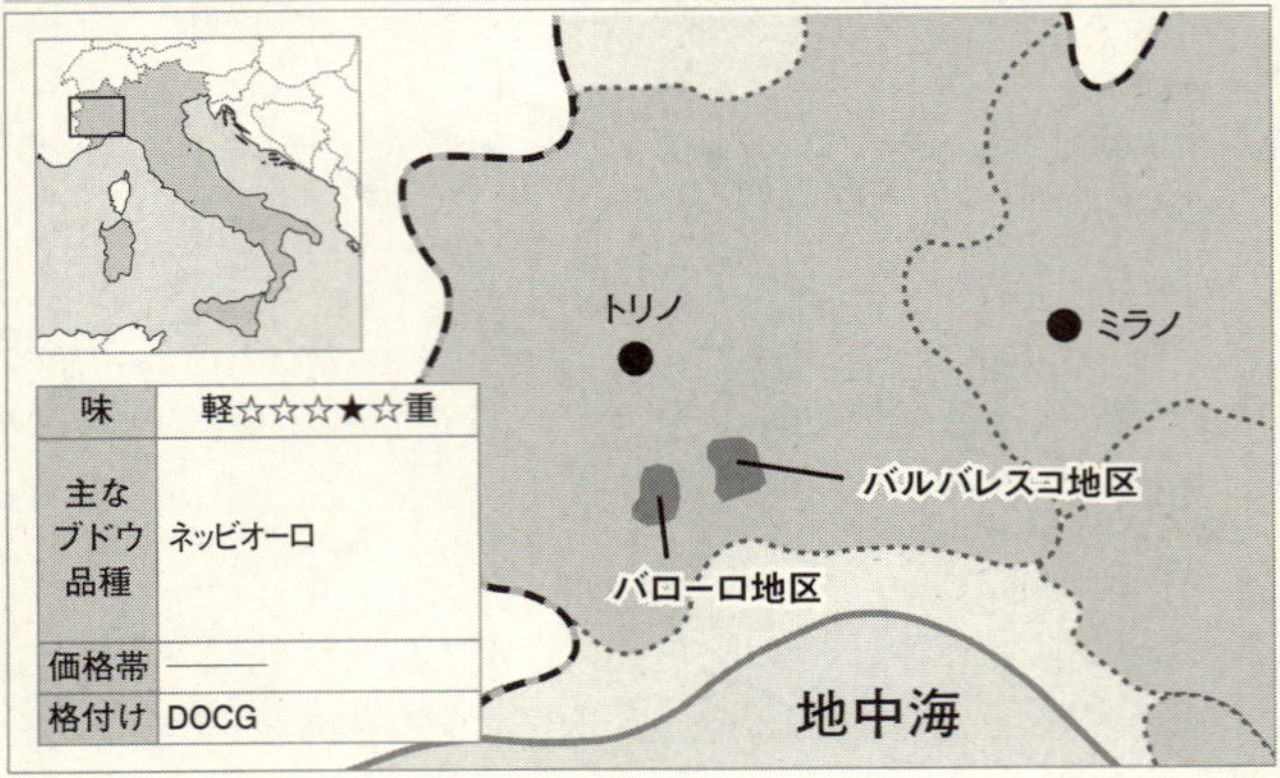

味	軽☆☆☆★☆重
主なブドウ品種	ネッビオーロ
価格帯	――
格付け	DOCG

バルバレスコ

バローロの弟分は繊細で飲みやすいなめらかさが特徴

「バローロの弟分」の異名をとり、「ワインの王子」とも称されるDOCGワイン。こちらもネッビオーロを原料としているが、「バローロ」よりも繊細で飲みやすい。なめらかな舌触りと官能的な香りは、しばしば女性的とも表現される。最低熟成期間は二年間。四年以上でRiserva《リセルヴァ》となる。

歴史は比較的浅く、一八九〇年代にドミッツィオ・カヴァッツァ博士によって基礎が築かれた。現代の生産者たちは、尊敬と敬愛の念をこめ博士を「バルバレスコの父」と呼んでいる。

ピエモンテのおすすめワイン②

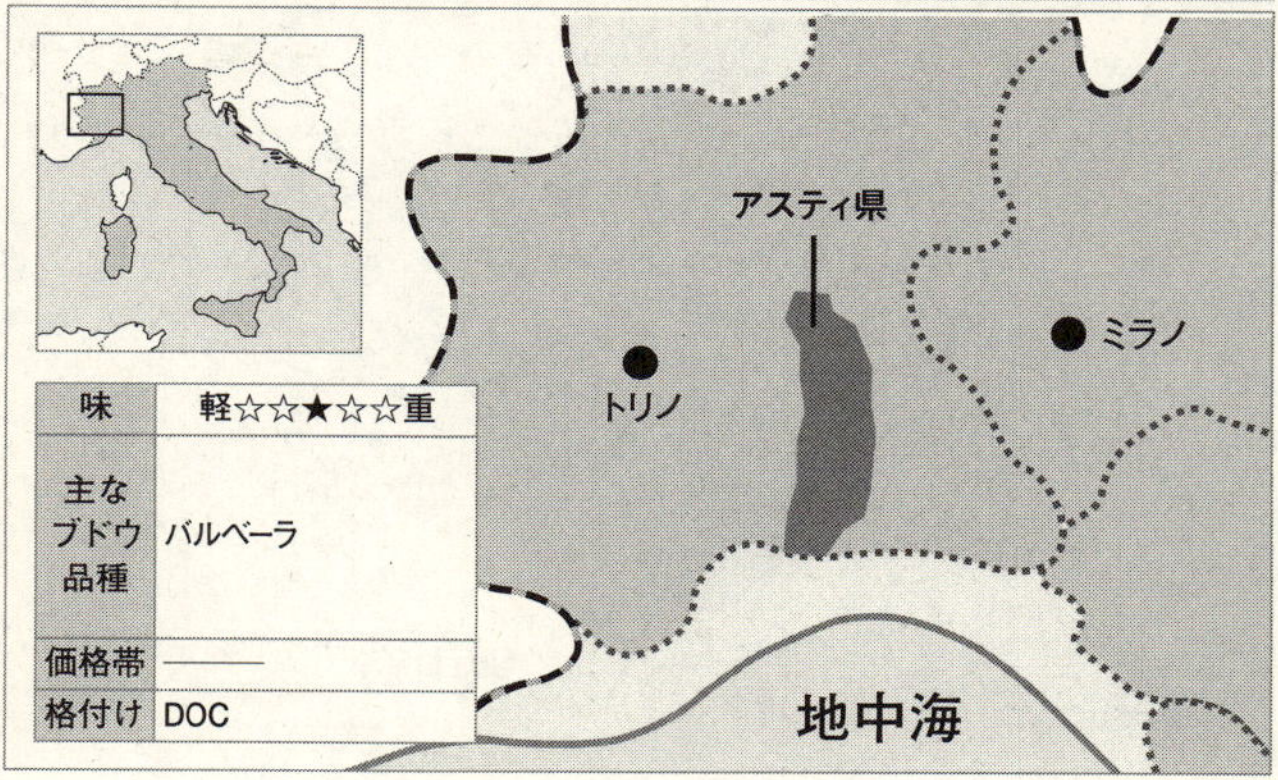

味	軽☆☆★☆☆重
主なブドウ品種	バルベーラ
価格帯	――
格付け	DOC

バルベーラ・ダスティ

酸味と渋味のバランスが絶妙
低価格帯でも飲み応えは抜群

イタリアワインの名称は、主に使用されるブドウ品種と州、村、畑といった生産地名を組み合わせたものが多い。DOC赤ワイン「バルベーラ・ダスティ」もそのひとつで、バルベーラを原料としたアスティ地区のワインである。

以前は早飲みに向いた軽めのタイプが生産されていたが、近年では酸味と渋味のバランスがとれた高品質ワインも出てきており、比較的安価で楽しめるすぐれた銘柄として注目を集めている。

ピエモンテのおすすめワイン③

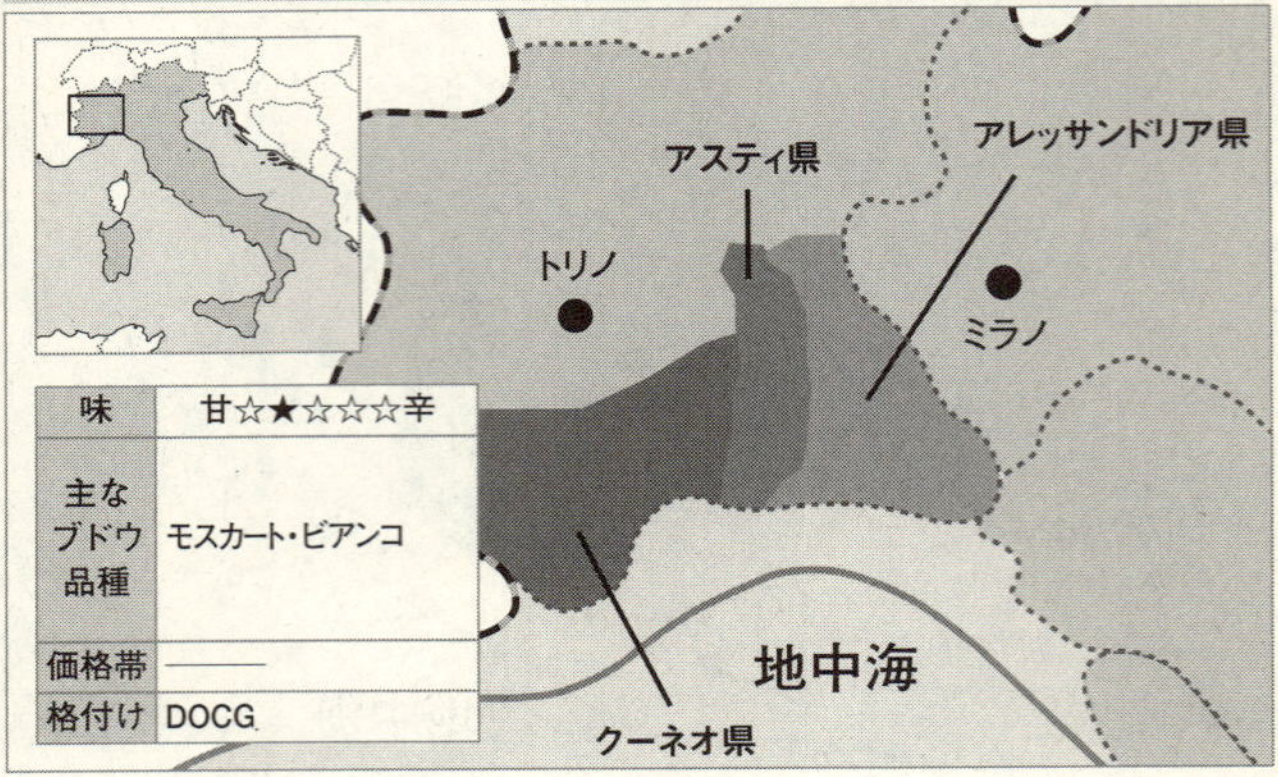

味	甘☆★☆☆☆辛
主なブドウ品種	モスカート・ビアンコ
価格帯	―――
格付け	DOCG

アスティ・スプマンテ

イタリアらしい陽気で軽やかなスパークリングワイン

ピエモンテ州はワインだけでなく、トリュフやチーズなどの生産地としても知られている。大地の恵みが並ぶ食卓に、スパークリングワインとして人気なのが「アスティ・スプマンテ」だ。

イタリアのスプマンテの中でも、やわらかな甘さとおだやかな発泡で世界中で親しまれている。モスカート・ビアンコ種のかもしだす陽気で軽やかな味わいは、いかにもイタリアらしい。

七段階にわけて表記される甘さを参考に、好みの味を見つけてみてはいかがだろう。

トスカーナの代表的ワイン①

味	軽☆☆☆☆★重
主なブドウ品種	カベルネ・ソーヴィニヨン カベルネ・フラン
価格帯	¥15,000～
格付け	DOC

ボルゲリ・サッシカイア

伝統にとらわれない偉大な革命児「スーパートスカーナ」を牽引

「ボルゲリ・サッシカイア」は一九六八年に誕生した。当時フランス産のブドウを使用することは異端とされたが、国際的な試飲会で脚光をあびた。凝縮された果実味と、香り高いスパイシーな風味が堪能できる。

　また、格付けにとらわれず味を追求する「スーパートスカーナ」の第一号としても知られるが、世界的な人気を受けてイタリア政府はVdTからDOCへと格付けを変更した。自らのポテンシャルでワイン界そのものを変えた、偉大な革命児でもあるのだ。

トスカーナの代表的ワイン②

味	軽☆☆☆★☆重
主なブドウ品種	サンジョヴェーゼ・グロッソ（ブルネッロ）
価格帯	¥15,000〜
格付け	DOCG

ブルネッロ・ディ・モンタルチーノ（ビオンディ・サンティ）

大統領が主催する晩餐会の定番 濃密な香りの超長期熟成ワイン

三十六銘柄あるDOCGワインの中で、「バローロ」と並び称される銘酒。状態のいいものは百年以上の熟成にもたえうるといわれる、長期熟成タイプ。濃密な香りとがっしりとしたボディが印象的で、時を経ることでなめらかに、繊細に変化していく。

ビオンディ・サンティは「ブルネッロ・ディ・モンタルチーノ」をこの世に生みだした、いわば本家本元。誕生から百年以上たつ現在も実力と人気は衰えず、イタリア大統領主催の晩餐会でもふるまわれている。

トスカーナのおすすめワイン①

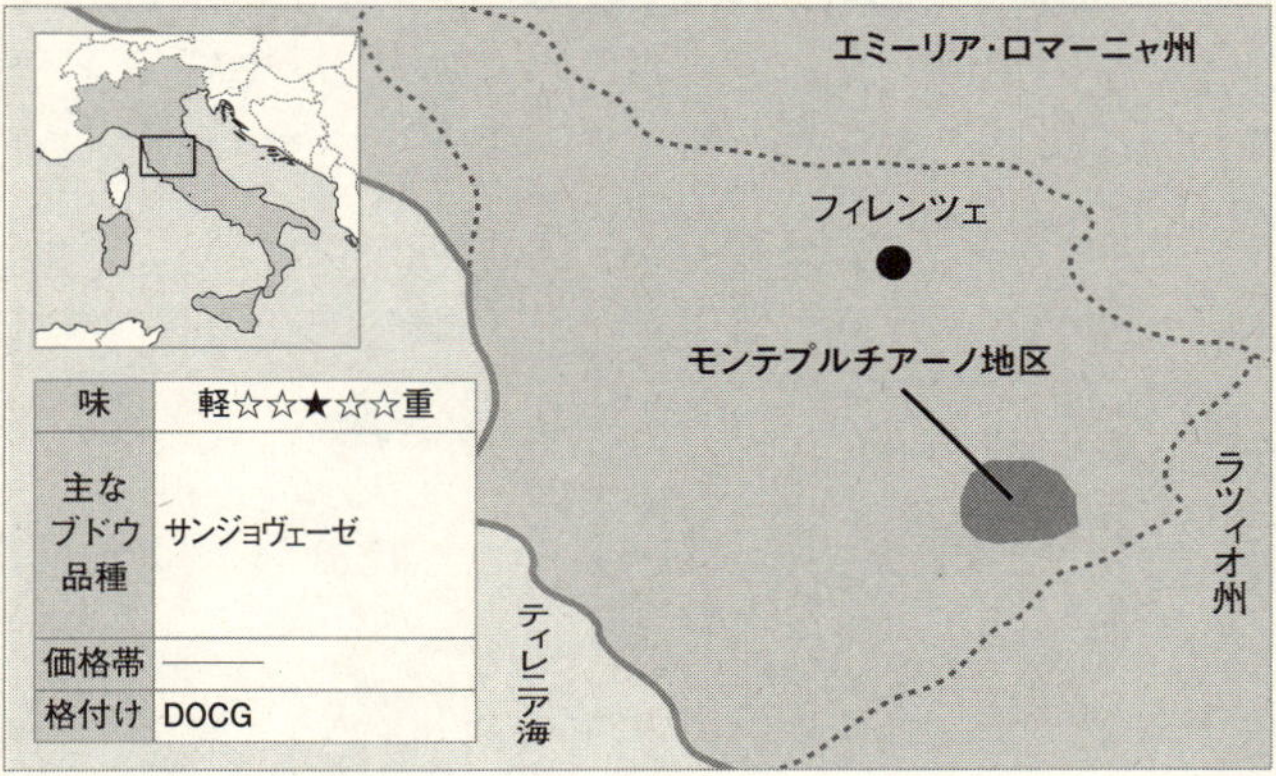

味	軽☆☆★☆☆重
主なブドウ品種	サンジョヴェーゼ
価格帯	――
格付け	DOCG

ヴィーノ・ノビレ・ディ・モンテプルチアーノ

貴族のみが飲むことを許された特権的銘酒

「ブルネッロ・ディ・モンタルチーノ」「キャンティ」と並んで、トスカーナ地方の三大ワインともいわれている。モンテプルチアーノ地区は、二千年以上前からワインづくりが行われ、数々の文献に登場する由緒正しい銘醸地である。

「Nobile《ノビレ》（貴族）」という名称は、貴族の特権として飲まれていたことに由来する。スミレのような甘い香りと軽やかな渋味が特徴の優美で高貴なワインで、十六世紀の教皇、パウロ三世も愛飲していた。

トスカーナのおすすめワイン②

味	軽☆★☆☆☆重
主なブドウ品種	サンジョヴェーゼ
価格帯	―――
格付け	DOCG

キャンティ

『ローマの休日』にも登場した庶民派赤ワイン

さわやかな酸味が魅力の、フレッシュで滑らかな赤ワイン。かつて世界で最も知られたイタリアワインでもある。映画『ローマの休日』では、庶民の酒として描かれている。

映画に登場したキャンティは球形のボトルに入っているが、これはフィアスコ型と呼ばれる独自のもの。下部を包むトウモロコシの皮は、ガラスが割れるのを防ぐ役割を果たしているという。現在この伝統的なボトルは姿を消しつつあるが、せっかくならクラシックタイプで楽しみたい。

トスカーナのおすすめワイン③

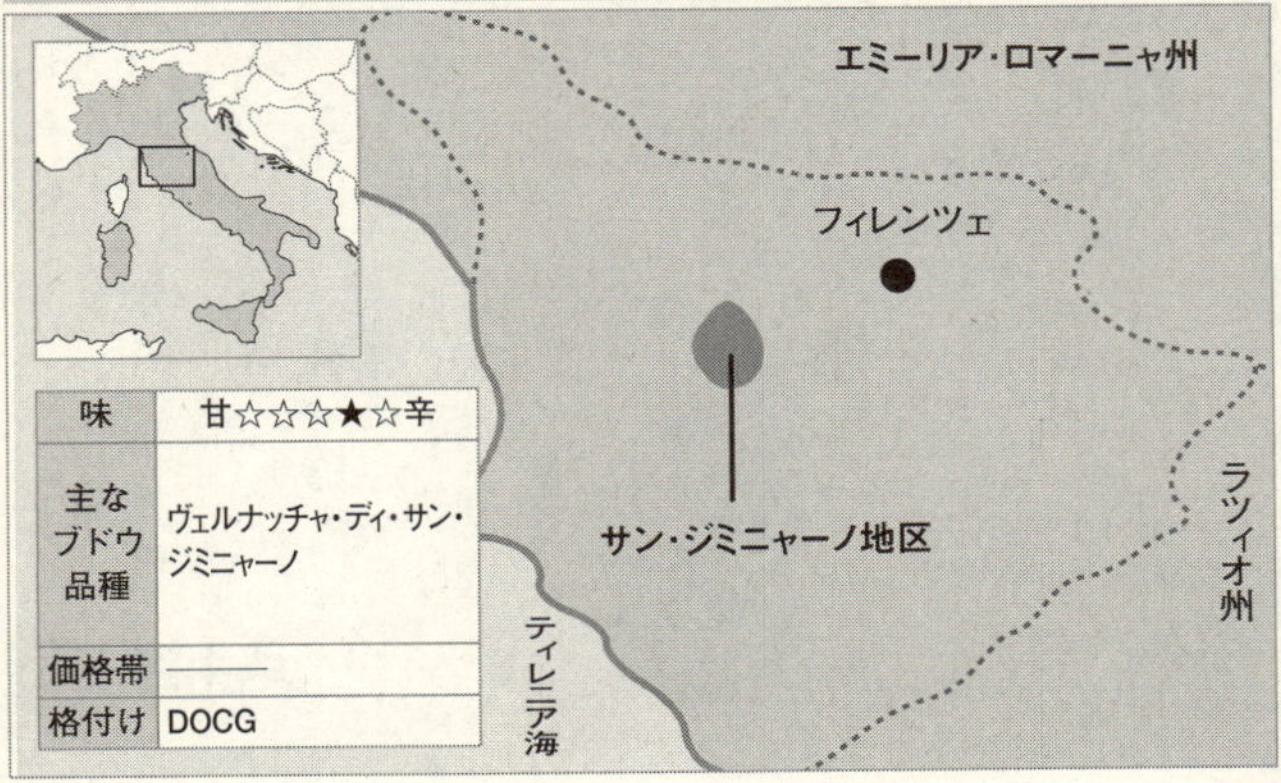

味	甘☆☆☆★☆辛
主なブドウ品種	ヴェルナッチャ・ディ・サン・ジミニャーノ
価格帯	――
格付け	DOCG

ヴェルナッチャ・ディ・サン・ジミニャーノ

世界遺産の街並みが育む白ワイン　ほのかな苦味が心地いい

　サン・ジミニャーノはユネスコの世界遺産にも登録された、中世の街並みを残す美しい街である。典型的な地中海性気候で、ブドウが最高の熟成状態に達する恵まれた地域だ。ここでは辛口の白ワイン「ヴェルナッチャ・ディ・サン・ジミニャーノ」が醸造され、古くから銘酒として知られてきた。

　その名声と実力は現代までつづき、一九六六年に白ワインとして初めてDOCに指定される。さらに一九九三年にはDOCGに昇格。やわらかな酸味と上品な花の香りが特徴である。

イタリアその他地域の代表的ワイン

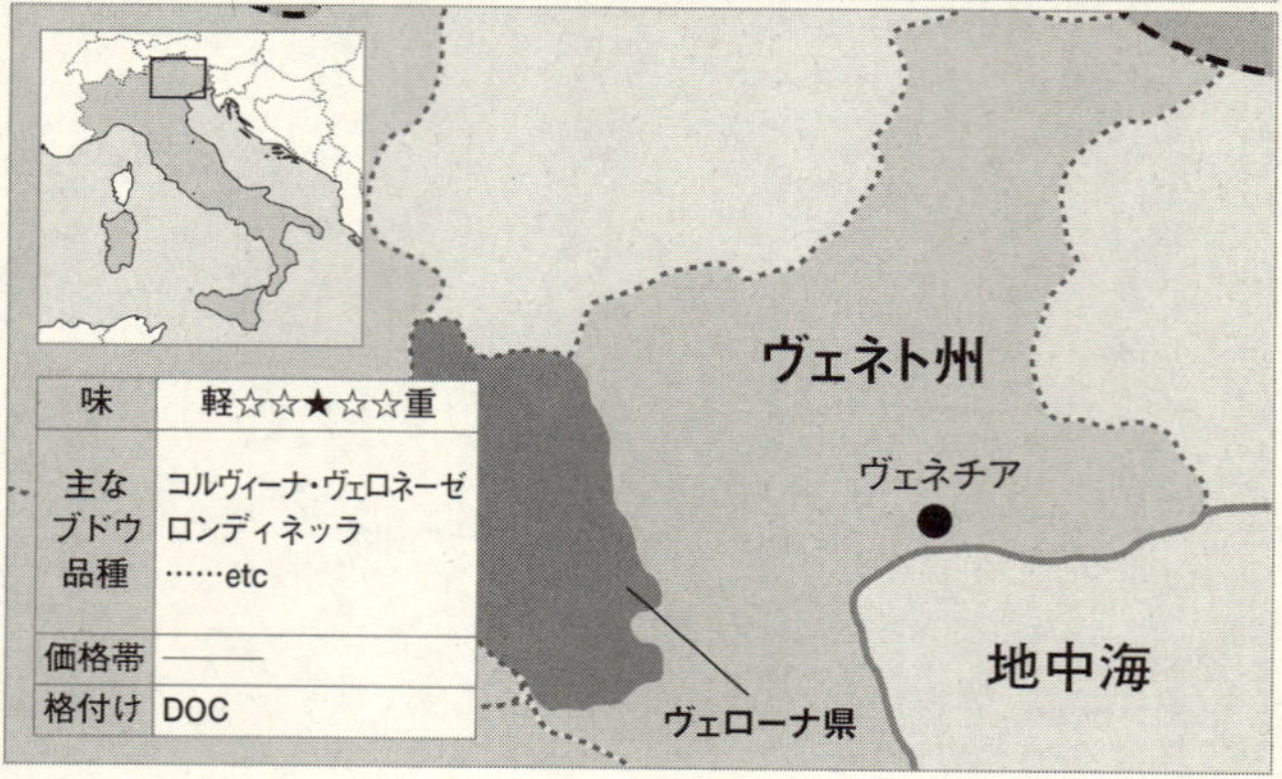

味	軽☆☆★☆☆重
主なブドウ品種	コルヴィーナ・ヴェロネーゼ ロンディネッラ ……etc
価格帯	———
格付け	DOC

ヴァルポリチェッラ

若々しさが魅力の「ヴェローナの王子」

果実味に富むフレッシュな赤ワインで、ほんのりとした苦味も感じられる。ヴェネト州ヴェローナが産出地で、「ヴェローナの王子」という愛称でも親しまれているDOCワインだ。

ヴェローナには、ブドウを陰干ししたあとにワインを仕込むという伝統的な製法がある。これにより飲みやすい甘口に仕上げられたものはRecioto《レチョート》、力強い辛口はAmarone《アマローネ》（二十四ヶ月以上樽で熟成）と表記される。またSuperiore《スペリオーレ》の表示は、十四ヶ月以上熟成させたものを指している。

イタリアその他地域のおすすめワイン①

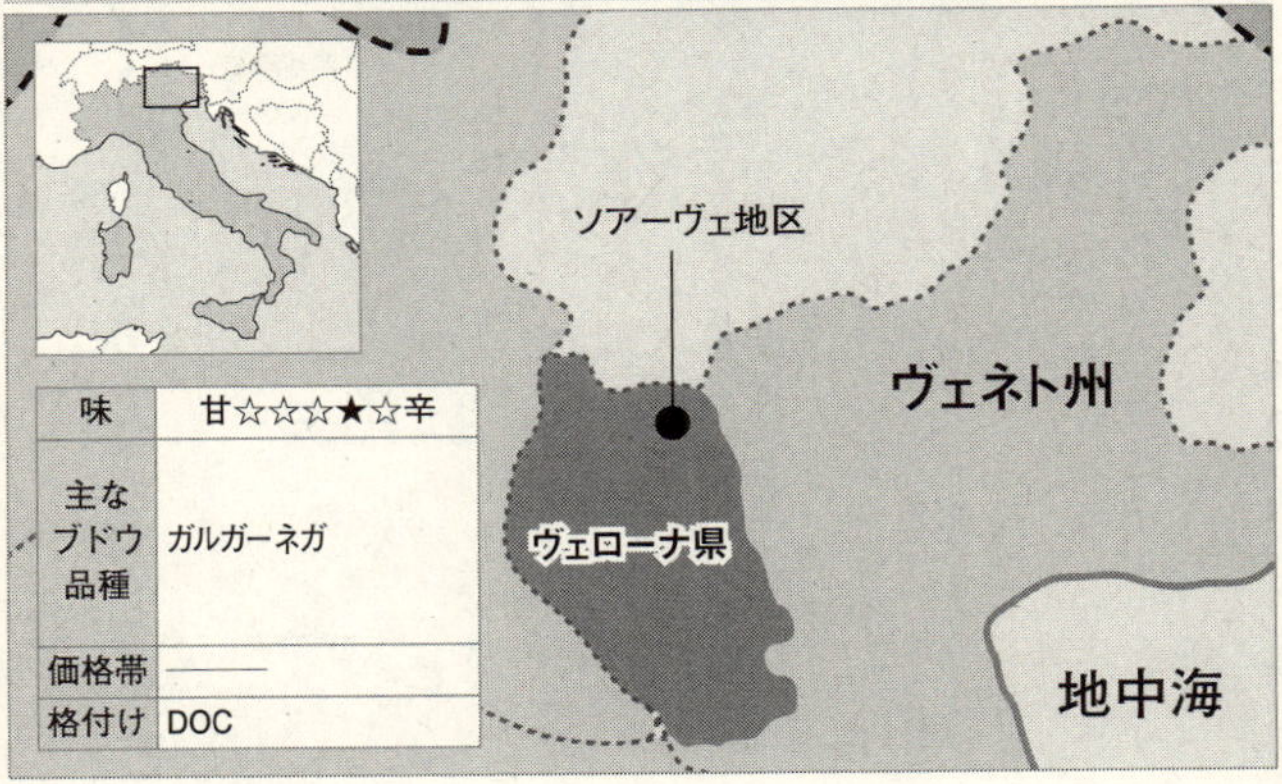

味	甘☆☆☆★☆辛
主なブドウ品種	ガルガーネガ
価格帯	――
格付け	DOC

ソアーヴェ・クラッシコ

名前の通り心地いい時間を提供してくれるワイン

イタリア語で「優雅・心地よい」という意味の「ソアーヴェ」は、ヴェネト州ヴェローナのソアーヴェ地方で生まれる辛口白ワインだ。国内外でも人気が高く、生産量は毎年全DOCワインの中でも上位を占めている。

Recioto《レチョート》（甘口白）やSuperiore《スペリオーレ》などさまざまなバリエーションが存在するが、クラッシコを名乗れるのは伝統ある畑のブドウを使用している場合のみ。洗練されたエレガントな酸味が特徴で、冷やしていただけば心地よい時間が与えられる。

イタリアその他地域のおすすめワイン②

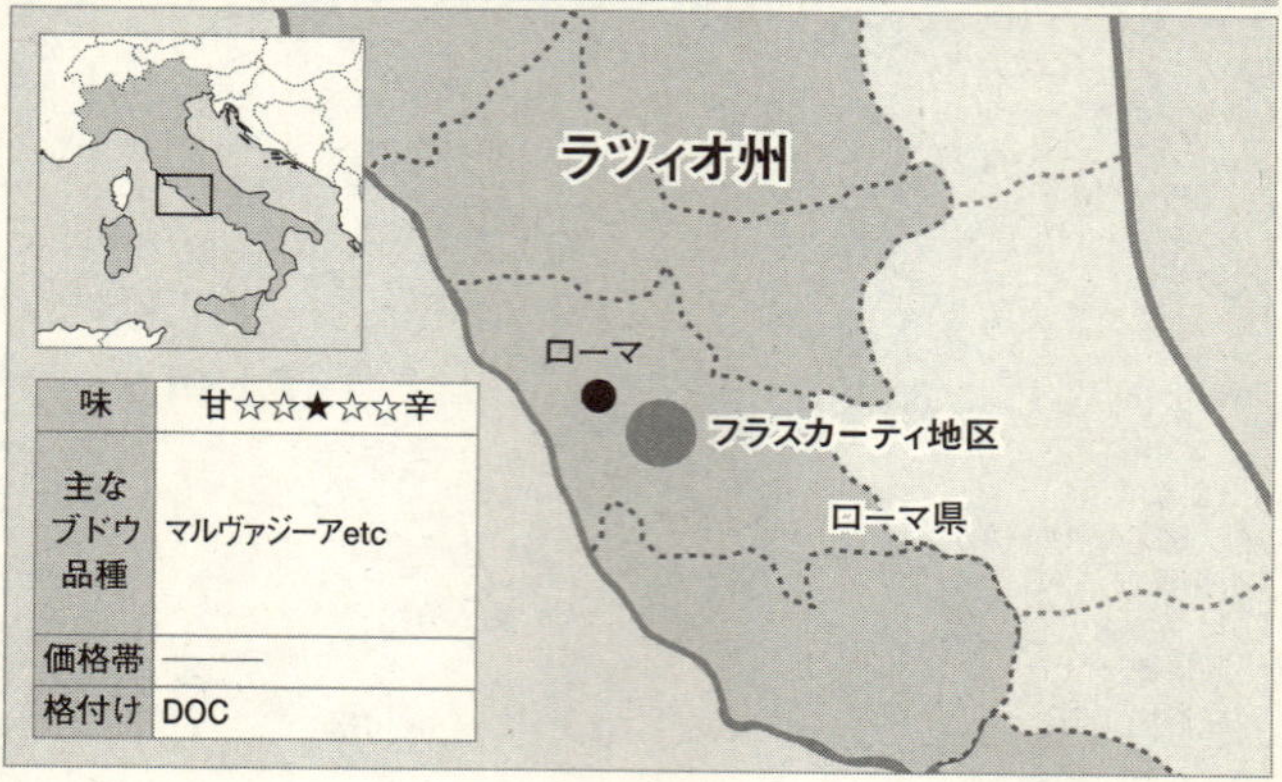

味	甘☆☆★☆☆辛
主なブドウ品種	マルヴァジーアetc
価格帯	――
格付け	DOC

フラスカーティ

法王のお膝元で生産される軽快な白ワイン

ラツィオ州では、白ワインの醸造がさかんに行われている。ローマに近い地域で生産される「フラスカーティ」も、酸味の少ない軽快な白ワインとして人気が高い。辛口（セッコ）・中甘口（アマビレ）・甘口（ドルチェ、カンネッリーノ）の三タイプがあり、辛口でも比較的まろやかな口当たりで飲みやすいため、初心者にもおすすめだ。

ローマのお膝元だけあって「法王のワイン」と呼ばれ、中世では貴族や富裕層が、現代では粋なローマっ子たちが愛する上質なワインである。

イタリアその他地域のおすすめワイン③

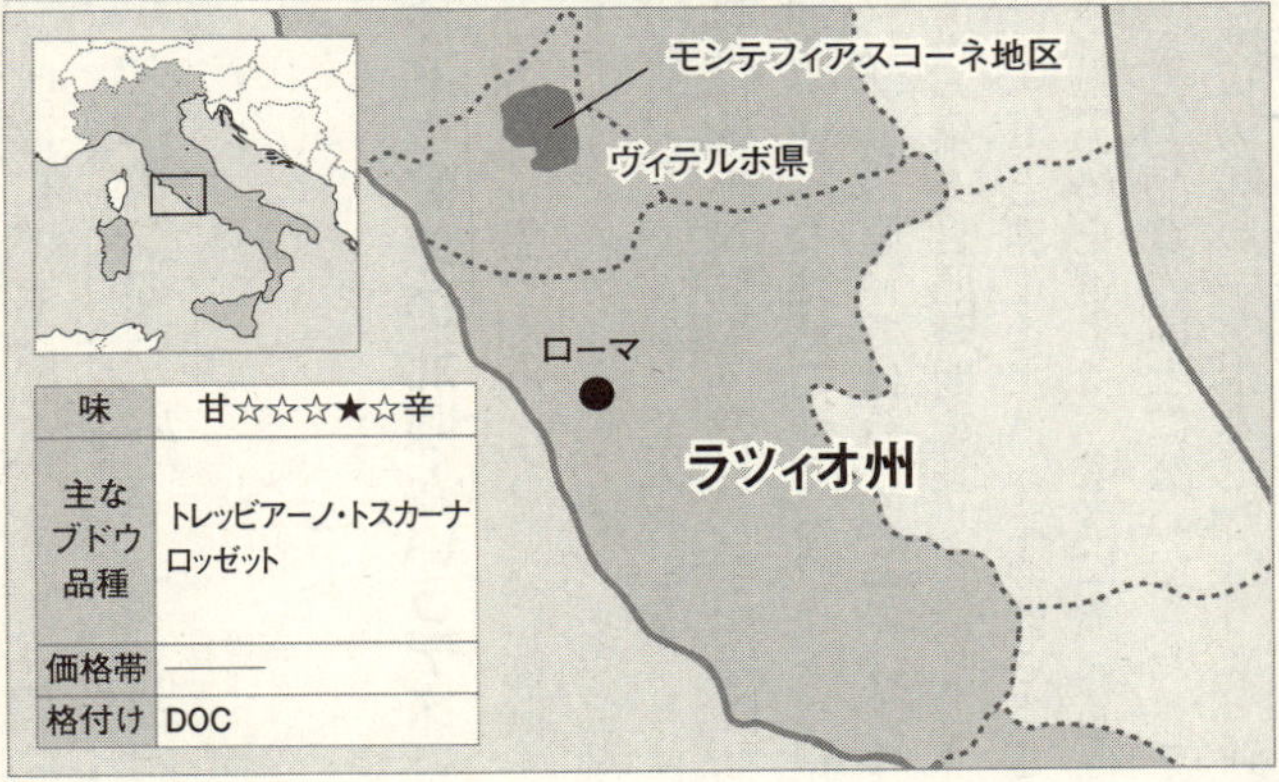

味	甘☆☆☆★☆辛
主なブドウ品種	トレッビアーノ・トスカーナ ロッセット
価格帯	――――
格付け	DOC

エスト！エスト!!エスト!!!ディ・モンテフィアスコーネ

美味なるワインが「あった！あった!!あった!!!」

日本語に訳すと「あった！あった!!あった!!!」となるユニークなワイン。十二世紀、グルメな主人の旅をサポートするため先行して各地の美味を探していた従者が、モンテフィアスコーネでワインを飲んだ際そのあまりのうまさに「エスト（あった）」を三回繰り返したという伝説が残っている。

従者を感動させた味は、きめ細やかなコクが楽しめる、すっきりとした辛口（セッコ）のDOC白ワインだ。薄甘口（アッボッカート）、中甘口（アマビレ）もある。

誰にでも飲みやすい甘口白ワインを国全体で生産
ドイツワインの特徴

■ブドウ栽培の北限というデメリットを技術力でカバー

ドイツは世界でもっとも北方に位置するワイン生産国である。リースリングやミュラー・トゥルガウといったブドウ品種が栽培され、おもに上品な中甘口の白ワインが醸造されている。全体的に酸味と甘味のバランスがとれており、アルコール度も低いため飲みやすいのが大きな特徴だ。

通常、寒冷な地域でつくるワインは糖度があがらず、酸味が強くなるのだが、ドイツワインに限ってはそれがあてはまらない。これは河沿いにある南向きの斜面にブドウを植え日照時間を長くしたり、他国より摘みとりを一ヶ月ほど遅らせて実を熟させたりと糖度を上げるためにさまざまな工夫が施された結果である。さらに昔から官民の枠を越えて、寒さに強い品種を開発する、国立の醸造研究所を各地に設立するなど品質の向上に努めてきた。ブドウ栽培の北限というデメリットを乗り越え、独自の味わいを生みだしたのは、勤勉な国民性がなせるわざといえるだろう。

◆ドイツワインの格付け

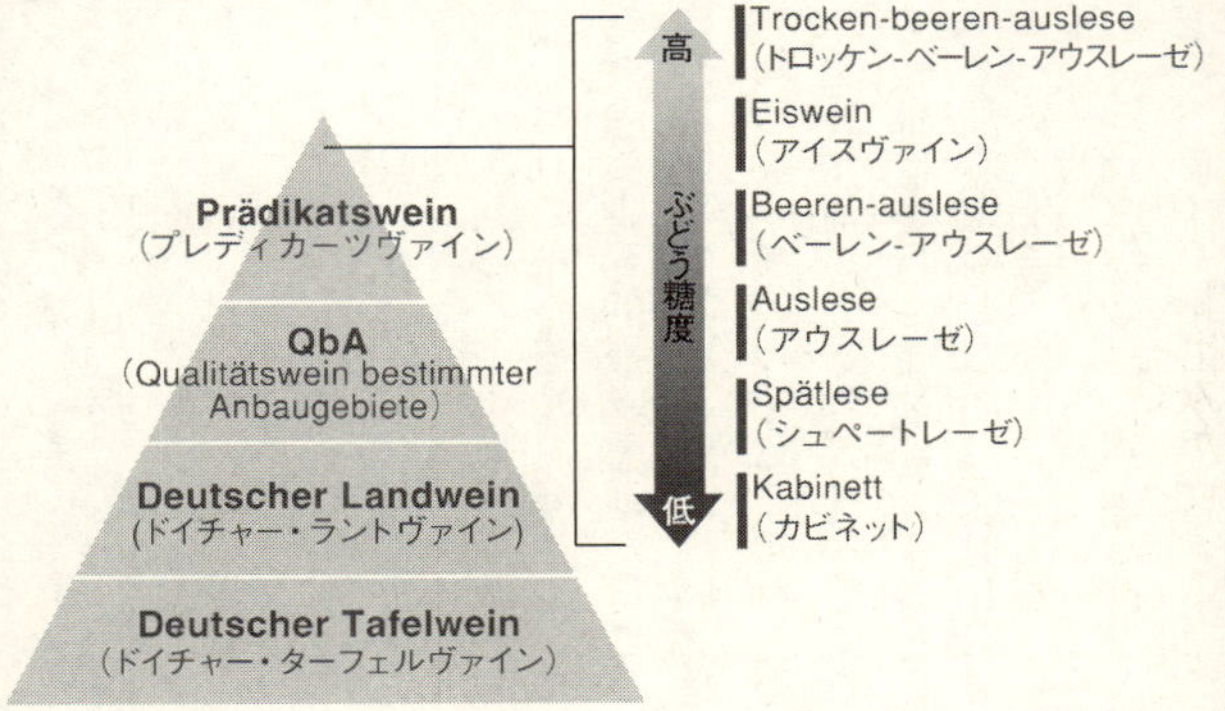

格付け基準はドイツ特有の規定により、生産量や畑ではなく、収穫時のブドウの最低糖度によって決定される。糖度が高いほど格付けも高く、ＥＵ法の「指定地域優良ワイン」にあたるプレディカーツヴァイン、ＱｂＡ、「日常用ワイン」にあたるドイチャー・ラントヴァインとドイチャー・ターフェルヴァインとに分けられ、最高等級のプレディカーツヴァインはさらに六段階に分類される。全体生産量のうち九十パーセント以上を質の高いＱｂＡ以上のワインが占めており、ドイツワインの質と評価を高めることにつながっている。白が中心とはいえ赤、ロゼも生産量を増やしつつあり、伝統を生かしながらも世界市場の要望にあわせたワインづくりがはじめられている。

上質な白ワインは大河によって育まれる

ドイツワインの生産地を知ろう

■ライン川、モーゼル川、ザール川……銘醸地は川岸にあり

ドイツのワイン生産地は、比較的暖かな南西地域に集中している。モーゼルワインが醸造されるモーゼル・ザール・ルーヴァ川流域はドイツワイン発祥の地としても知られる、世界的な銘醸地だ。ここで生産されるワインは、花のような繊細な香りとさわやかな酸味で人気が高い。日本にも愛好家が多い黒猫ラベルのツェラー・シュバルツェ・カッツもここで醸造されている。

モーゼル川流域とならんで中心的な産地となっているのが、ライン川流域だ。ラインガウ地区では、東西約四十キロにわたって川沿いにブドウ畑がつづいている。直接降り注ぐ太陽と水面に反射した日光によって気温が上昇する川岸が、絶好の栽培地となるためだ。昔からドイツでは、「銘醸地は川岸にある」と言い伝えられてきたという。高緯度にもかかわらずこの地方で豊かなワイン文化が発達したのは、モーゼル川ライン川の恵みによるところが大きい。

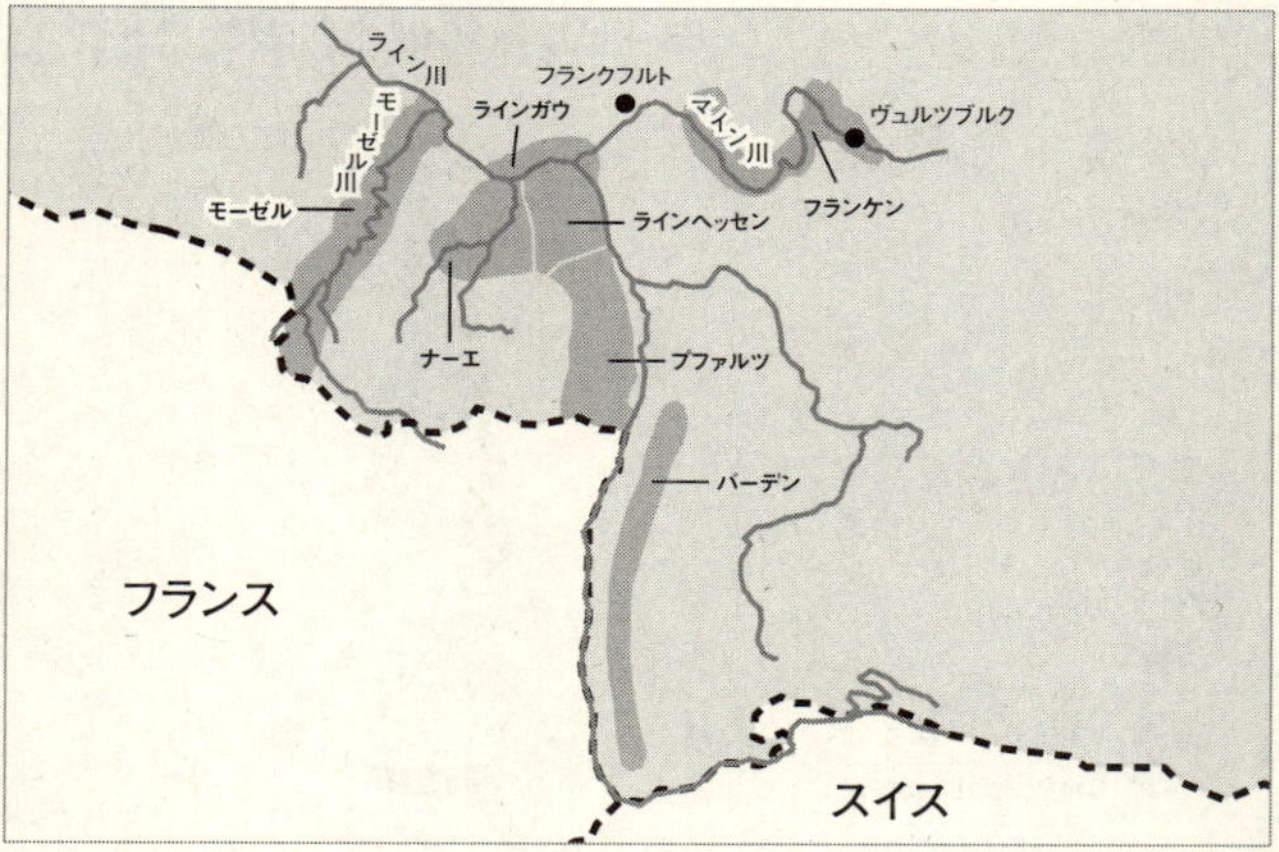

またやわらかい口当たりのワインを生むラインヘッセン地方は、ドイツ最大のブドウ栽培面積を持ち、質量ともにトップクラスの実力を誇っている。「聖母の乳」という意味を持つ「リープフラウミルヒ」が生まれた土地としても有名である。

ドイツワインの中で、辛口で男性的なワインを生産しているのがフランケン地方だ。この地方でビン詰めされるワインは、ボックスボイテルという扁《へん》平《べい》な形をした独特のボトルに入れられているので店頭でもわかりやすい。

南に位置するバーデン地方はフランスと気候が似通っているためブドウもピノ・ノワール（ドイツ名シュペートブルグンダー）を栽培しており、品質評価の高い赤ワインを産する。

モーゼル川流域の代表的ワイン①

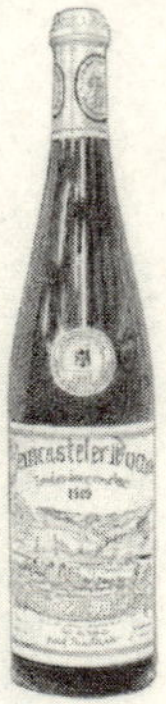

味	甘☆★☆☆☆辛
主なブドウ品種	リースリング
価格帯	¥3,000～
格付け	QmP（Prädikatswein）

ベルンカステラー・ドクトール（ターニッシュ博士家）

まさに百薬の長！
美味なる銘酒は命も救う

ドイツでも有数の銘醸畑ドクトールで栽培されたリースリングから生まれる。ターニッシュ博士家は畑の最大所有者であり、三百五十年以上の歴史を誇る代表的な生産者だ。

「ドクトール（医者）」という名は、かつて病に倒れていた司祭がこの畑からできたワインを飲んで回復したという伝説に由来する。

日本にも「酒は百薬の長」ということわざがあるが、銘酒が心身の健康をもたらす効果は洋の東西を問わないらしい。

モーゼル川流域の代表的ワイン②

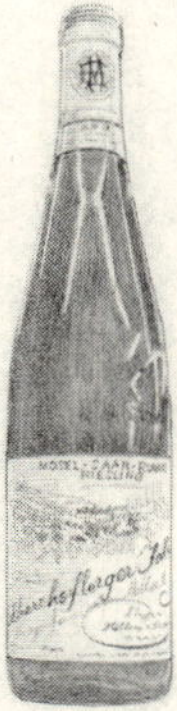

味	甘☆★☆☆☆辛
主なブドウ品種	リースリング
価格帯	￥4,000〜
格付け	QmP（Prädikatswein）

シャルツホーフベルガー（エゴン・ミュラー家）

特別単一畑で生まれる「白ワインの女王」

ドイツにはつくられるブドウの秀逸さから例外的に扱われる特別単一畑（オルツタイルラーゲ）が五ヶ所存在する。シャルツホーフベルガー（シャルツホーフの山）もそのひとつ。畑名がそのままワイン名となっている。上品な甘さとフレッシュな酸味が魅力のワインで世界的にも人気が高く、「白ワインの女王」と呼ばれる。

畑の所有者は複数いるが、中でもエゴン・ミュラー家は伝統を重視し真摯な姿勢でワインづくりをつづける素晴らしいワイナリーだ。

モーゼル川流域のおすすめワイン①

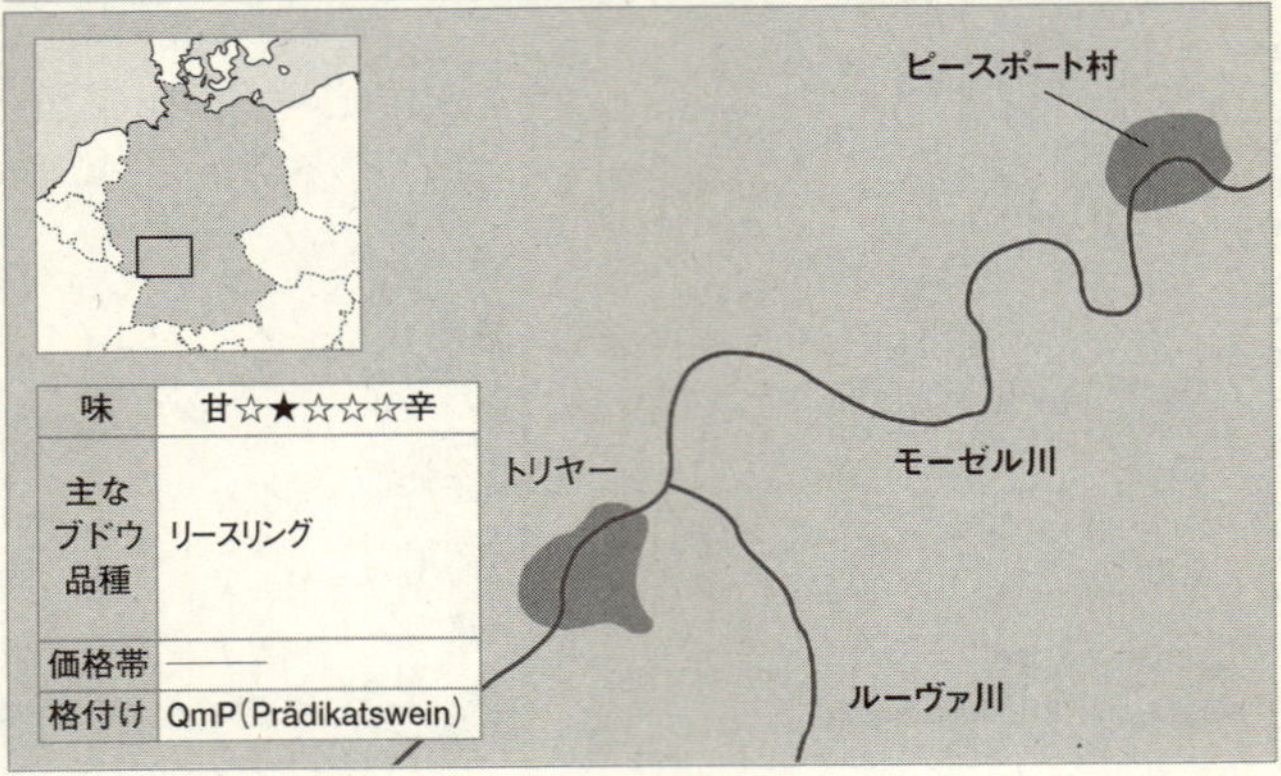

味	甘☆★☆☆☆辛
主なブドウ品種	リースリング
価格帯	――――
格付け	QmP（Prädikatswein）

ピースポーター・ゴルトトレプヒェン・カビネット

「黄金の雫」は女性的でしなやかな印象

モーゼル川流域のベルンカステル地区は優秀な畑が多いことで知られるが、同地区のピースポート村にある「ゴルトトレプヒェン畑」で本ワインは産出されている。

遅摘みのブドウから生まれるこのワインは、白い花を思わせる豊かな香りが鼻腔をくすぐる女性的でしなやかな一本だ。

ドイツには美しい名前のワインが多いが、このワインの名前は「黄金の雫」という、なんともロマンティックな意味を持っている。

モーゼル川流域のおすすめワイン②

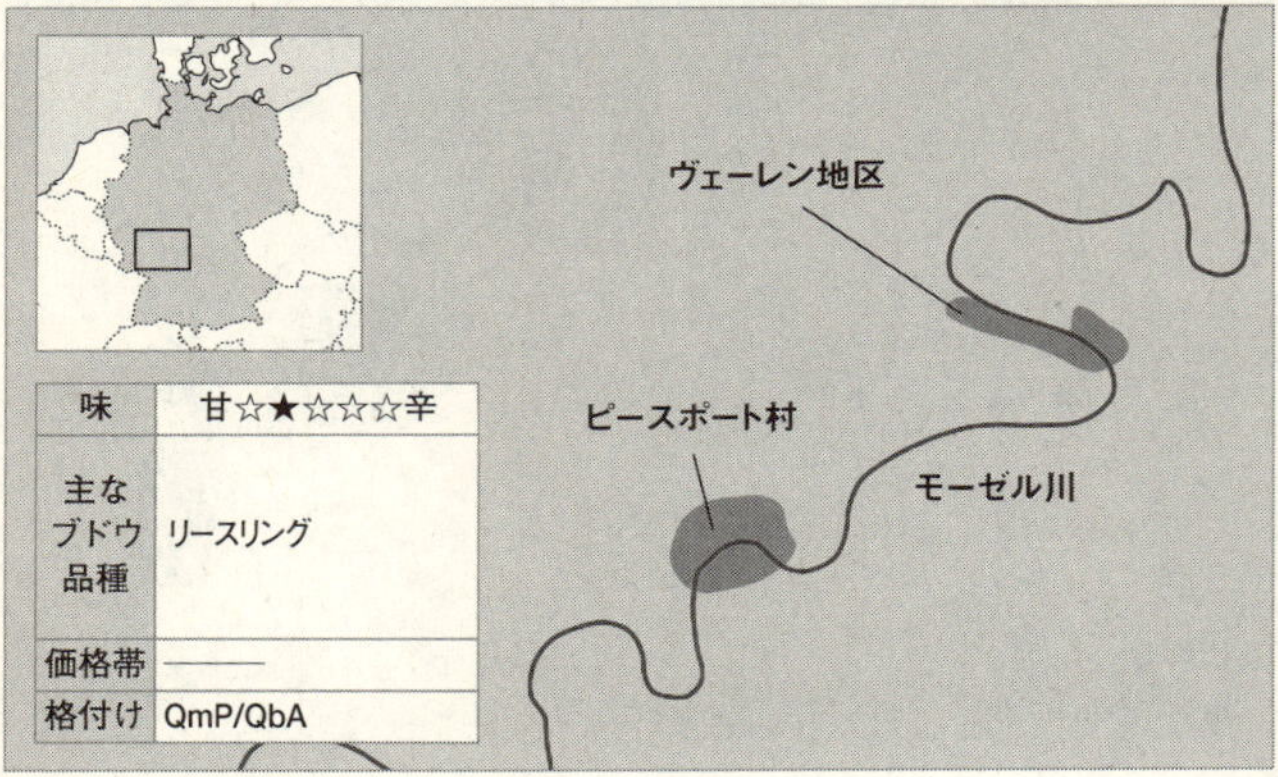

味	甘☆★☆☆☆辛
主なブドウ品種	リースリング
価格帯	――――
格付け	QmP/QbA

ヴェーレナ・ゾンネンウーア

日光と時間、ふたつの要素が生みだす滑らかな口当たり

長期熟成が必要とされ、時間を重ねることでリースリング独特の甘味が旨味とコクに変わる。シルクのように滑らかな口当たりが心地いい一本だ。「ゾンネンウーア」とは「日時計」のことで、このワインの原料となるブドウを生みだす畑には日時計が設置されている。時間をはかるためではなく、ブドウを熟成させる日光の恵みをシンボル化したものらしい。

ブドウ栽培の北限に位置するため太陽の偉大さを知る、ドイツならではのエピソードだ。

モーゼル川流域のおすすめワイン③

味	甘☆★☆☆☆辛
主な ブドウ 品種	リースリング
価格帯	―――
格付け	QmP/QbA

ツェラー・シュヴァルツェ・カッツの黒猫ラベルは生産者によってさまざま

ツェラー・シュヴァルツェ・カッツ

ラベルを見比べるのも面白い黒猫ワイン

モーゼル川流域のワインとして、もっとも日本で知られているものかもしれない。「黒猫のラベル」と言えばピンとくる人も多いだろう。

熟成庫に入りこんだ黒猫（シュヴァルツェ・カッツ）の乗った樽のワインが一番美味しかったという言い伝えが、その名前の由来となっている。多くの生産者がいるため味わいはさまざまだが、全体的にすっきりとした酸味のソフトな中甘口タイプだ。味とともに、黒猫の描かれたラベルを比べるのも楽しい。

ライン川流域の代表的ワイン①

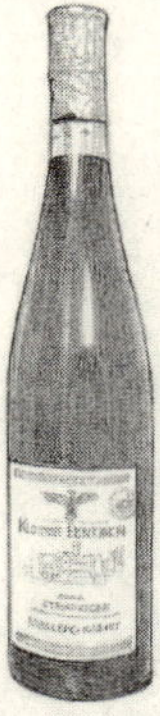

味	甘☆☆★☆☆辛
主なブドウ品種	リースリング
価格帯	――
格付け	QmP（Prädikatswein）

シュタインベルガー（クロスター・エーバーバッハ醸造所）

修道士が管理していた特別単一畑で石壁に守られた秀逸ブドウを醸造

一一三五年に設立されたエーバーバッハ修道院が開墾・管理してきたシュタインベルガー（石の山）のブドウ畑からできる。

現在その畑は州立エーバーバッハ醸造所が所有し、石壁に囲まれた特別単一畑（オルツタイルラーゲ）となっている。石壁は、傑出したブドウが生育するため盗難を防ぐ目的でつくられたものだといわれている。

フルーティーでふくよかな香りとさっぱりとした酸味で、清涼感にあふれているのが特徴だ。

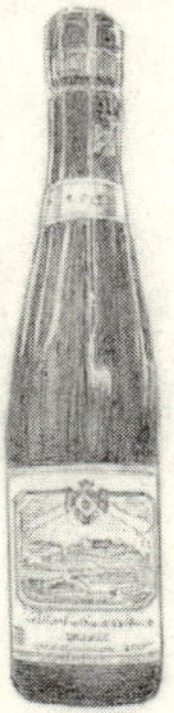

味	甘☆★☆☆☆辛
主なブドウ品種	リースリング
価格帯	¥5,000〜
格付け	QmP/QbA

シュロス・ヨハニスベルガー（メッテルニヒ侯爵家）

歴代の所有者が物語る畑の優秀さ

八一七年に開墾されて以来、ナポレオンやオーストリア皇帝など多くの人間が所有者として名を連ねてきた特別単一畑（オルツタイルラーゲ）で生産される。

現在は、ウィーン会議の功績により手に入れたメッテルニヒ侯爵の末裔がオーナー。ブドウの糖度を上げる方法、「遅摘み（シュペトレーゼ）」が発見された場所でもある。

澄んだ色合いが美しく、まろやかな味わい。格付けに応じてキャップシールが色分けされている。

ライン川流域のおすすめワイン①

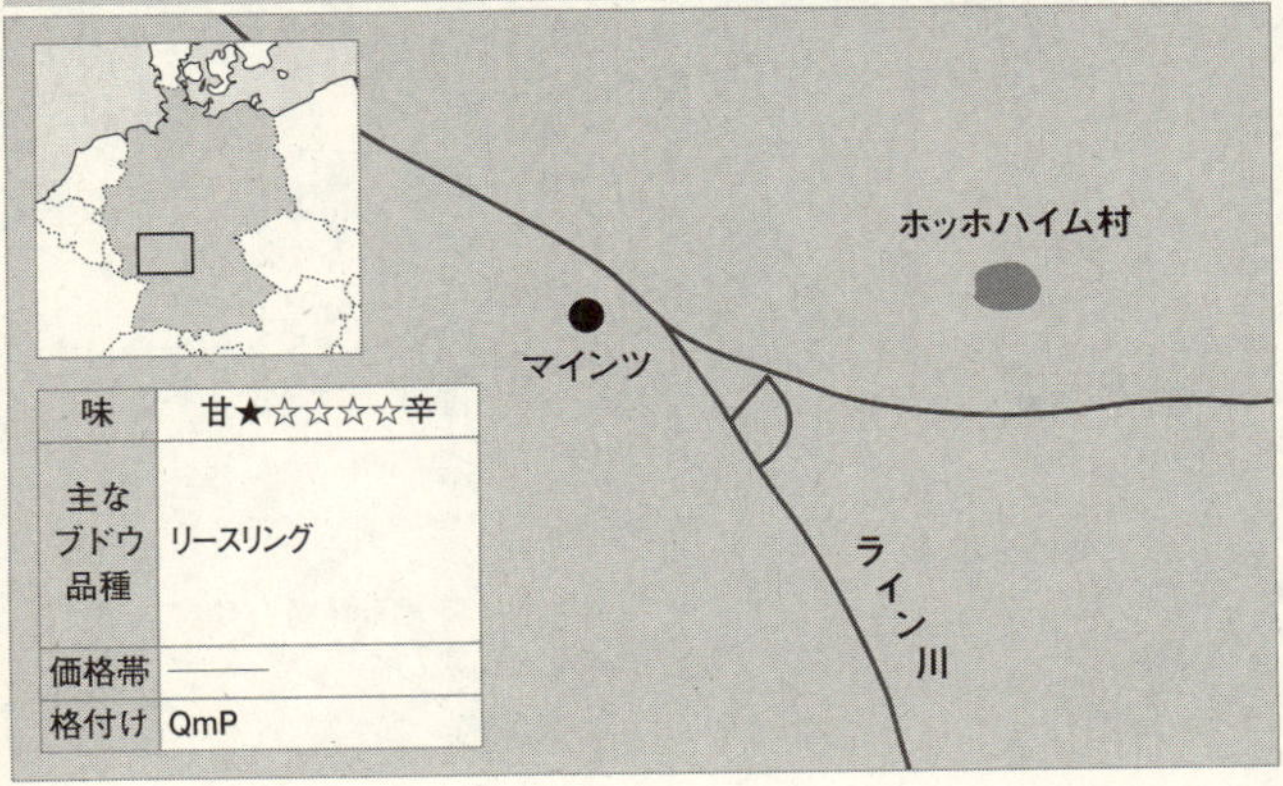

味	甘★☆☆☆☆辛
主なブドウ品種	リースリング
価格帯	────
格付け	QmP

ホッホハイマー・ドームデヒャナイ

柑橘系の優雅な香りが印象的なワイン

ドイツワインは「シュタインベルガー」など畑の名前がワイン名となっている特別単一畑産以外、その名称は基本的に「村名＋畑名」で構成される。「ホッホハイマー・ドームデヒャナイ」は、「ホッホハイム村」の「ドームデヒャナイ（大聖堂僧職）」という畑のブドウからできたワインであることを表しているのだ。

また、ドームデヒャナイは銘醸畑として評判が高く、ここでつくられるブドウは柑橘系の上品な芳香が印象的。エレガントな酸味を楽しめる逸品だ。

ライン川流域のおすすめワイン②

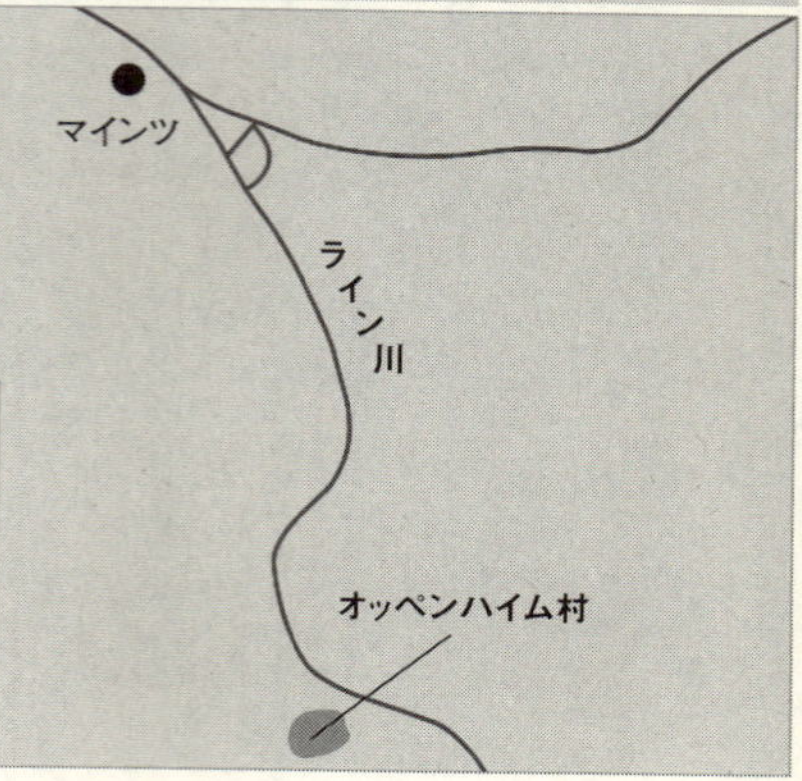

味	甘★☆☆☆☆辛
主なブドウ品種	ミュラー・トゥルガウ シルヴァーナーetc
価格帯	―――
格付け	QbA

オッペンハイマー・クレーテンブルネン

コクのある甘さが魅力
ひき蛙も酔いしれる「淑女のワイン」

「クレーテンブルネン（ひき蛙の泉）」という名前とは裏腹に、非常に滑らかで華やかなワインだ。蜂蜜のようにコクのある甘味がすっきりとした酸味と調和しており、「淑女のワイン」と称されるラインヘッセン地方産ワインの特徴がはっきりとでている。

畑のクレーテンブルネンは多くの所有者がいる集合畑のため、ワインの生産量も多い。比較的どれも手頃な値段で楽しめるので、肩肘をはらない気楽なデイリーワインとしても重宝するだろう。

ライン川流域のおすすめワイン③

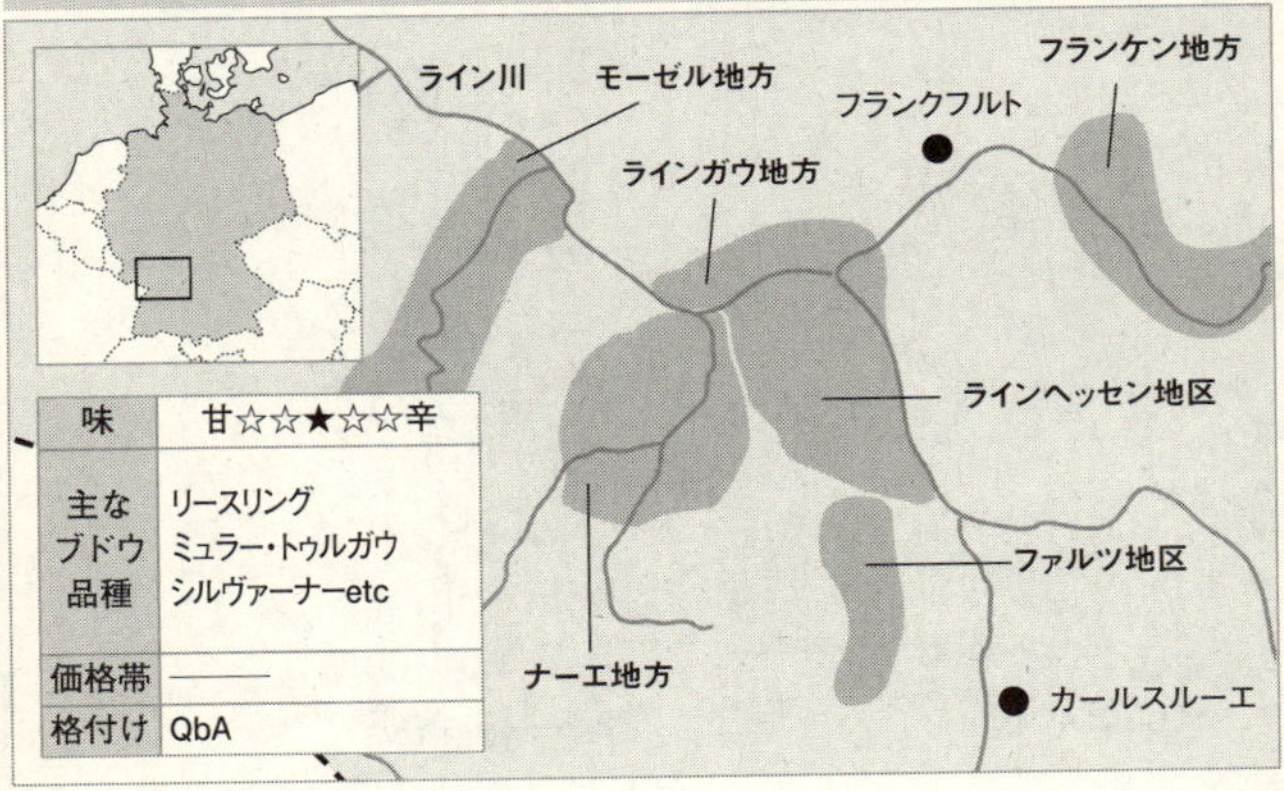

味	甘☆☆★☆☆辛
主なブドウ品種	リースリング ミュラー・トゥルガウ シルヴァーナーetc
価格帯	―――
格付け	QbA

リープフラウミルヒ

世界遺産の街並みが育む白ワイン ほのかな苦味が心地いい

日本語で「聖母の乳」という名前の示す通り、ほんのり甘くふくよかな味わいのQbAワイン。

かつては聖母教会の修道僧が生産するワインの名称であったが、現在ではラインヘッセン地方、ファルツ地方、ラインガウ地方、ナーエ地方の四地域で醸造され、政府の基準をクリアしたもののみが名乗れるようになっている。

やはりラベルは聖母をモデルとしたものが多い。女性との食事を盛り上げるツールとしても最適だろう。

ライン川流域のおすすめワイン④

味	甘☆☆☆☆★辛
主なブドウ品種	リースリング
価格帯	———
格付け	QbA

カルタワイン

昔ながらの味わいは すっきりとして辛口の白

かつてライン川流域で生産される白ワインは辛口で、フランスの有名シャトーと肩を並べる人気だったという。その伝統的な味を復活させようと、同地方の生産者によって結成されたのが「カルタワイン同盟」だ。ワイン法よりも厳しい基準をクリアしたものだけが、カルタワインを名乗れる。ボトルネックにある同盟のシンボルマーク（二重アーチのロゴマーク）が目印だ。

スッキリとした味わいで、ドイツワインは甘いという先入観を払拭してくれる逸品。

ドイツその他地域のおすすめワイン①

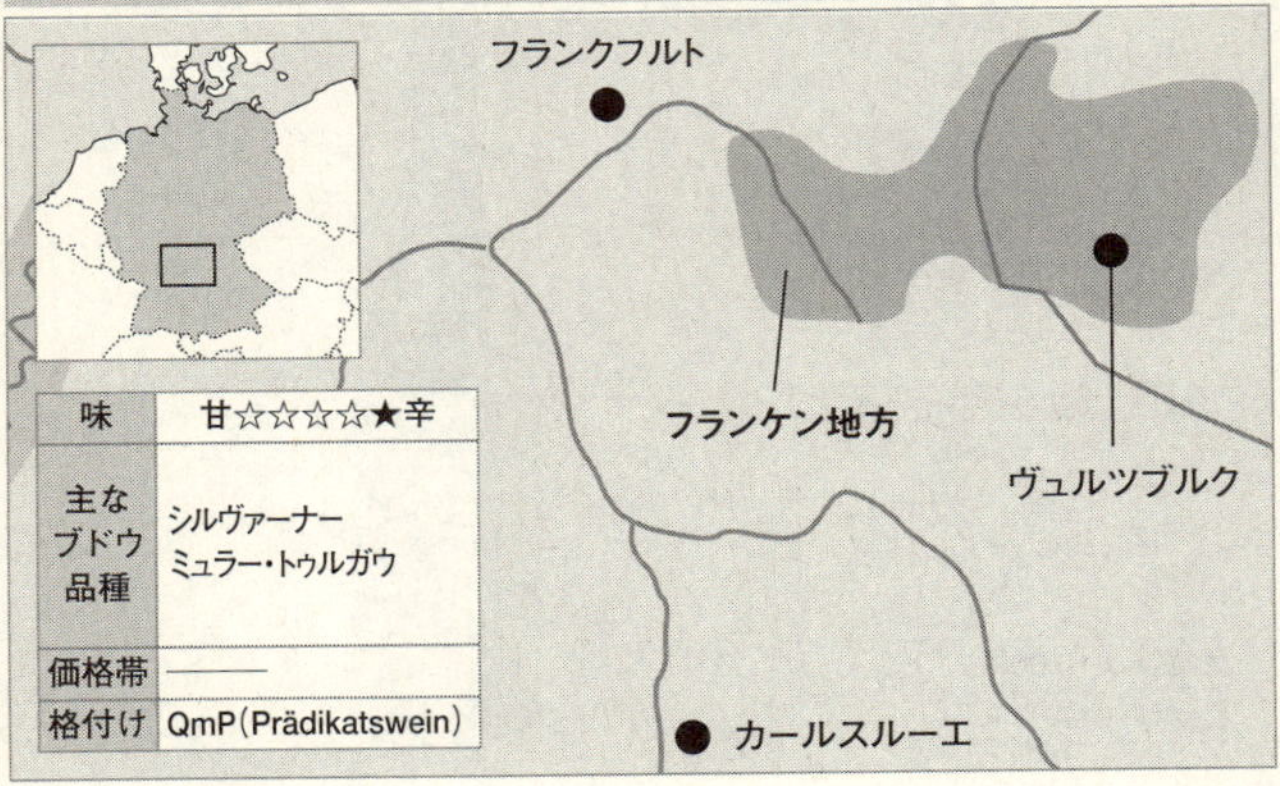

味	甘☆☆☆☆★辛
主なブドウ品種	シルヴァーナー ミュラー・トゥルガウ
価格帯	――
格付け	QmP（Prädikatswein）

ヴュルツブルガー・シュタイン

独特のボトルが目印
ドイツ随一の辛口ワイン

ドイツ国内で辛口のワインを生産するフランケン地方の代名詞的存在「ヴュルツブルガー・シュタイン（石）」。スモーキーな香りとフレッシュな酸味で、男性的な印象が強い。

この地方におけるワインの特徴が、ボックスボイテルと呼ばれる独特の形をしたボトルである。一般的な細長い瓶とは対照的に、ずんぐりとして背が低く、平べったい形のボトルだ。これは、かつて羊飼いが水筒の代わりに用いた山羊の皮袋をモチーフにしているという。

ドイツその他地域のおすすめワイン②

味	軽☆☆☆☆★重
主なブドウ品種	シュペートブルグンダー（ピノ・ノワール）
価格帯	¥10,000～
格付け	QbA

フーバー・シュペートブルグンダー・アルテレーベン・QbA・トロッケン

ドイツの新境地を開いた本格フルボディ・ルージュ

近年ドイツでは市場の需要に合わせ、さまざまなタイプのワイン醸造が行われている。その中でも世界的評価が高いのが、シュペートブルグンダー（ピノ・ノワール）を原料とするフーバー醸造所の赤ワインである。カシスやチェリーのような果実の香りと奥行きのある味わいで、「ブルゴーニュ・ルージュ」に勝るとも劣らないクオリティの高さを誇る。「アウスレーゼ」は樹齢四十年前後のブドウを使用した高級品だが、十二年前後のブドウの「ユンゲレーベン」も手頃な値段でおすすめ。

ドイツその他地域のおすすめワイン③

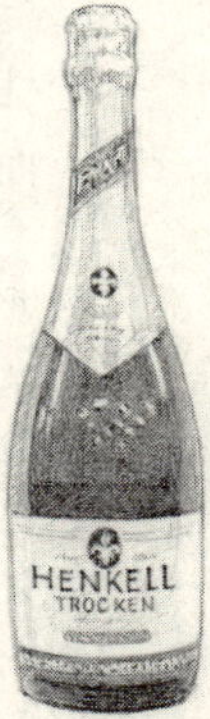

味	甘☆☆☆★☆辛
主なブドウ品種	シャルドネ ソーヴィニヨン・ブラン ブラン・ド・ノワール シュナン
価格帯	¥2,000～
格付け	――

ヘンケル・トロッケン

口の中ではじける泡が楽しいドイツのスパークリングワイン

ドイツのスパークリングワインは「シャウム・ヴァイン」と呼ばれるが、ドイツ産ブドウ百パーセントで二次発酵によってガスを得るものはゼクトと表記される。そのゼクトの生産量でトップを走るのが、かつてワイン商から醸造業者へ転換したヘンケル・ゼーンライン社だ。

花や洋ナシを思わせる優美な香りに、バランスのよい酸味、口の中ではじけるきめ細やかな泡……。ちょっとしたお祝いの席や記念日にもうってつけの一本である。

情熱の国でつくられる個性豊かな赤ワインたち

スペインワインの特徴

■気候の幅から多種多様なワインが存在

スペインといえば「情熱の赤」というイメージを持っている人も多いだろうが、ワインづくりにおいてもそれは同様。ブドウの栽培面積は世界第一位を誇り、上質な赤ワインが産出されている。

大西洋に面する北部の海洋性気候、地中海に面する南部の地中海性気候、季節によって激しい寒暖差がある内陸の大陸性気候と、地方ごとに気候区分が違ってくるため、それぞれに個性豊かな味わいが楽しめるのも大きな特徴だ。近年では、伝統的な製法や格付けにとらわれない「スーパー・スパニッシュワイン」の生産者も増加している。

また、スペイン国内で生産されているスパークリングワインの「カヴァ」やワインにブランデーを混入して熟成させた酒《しゅ》精《せい》強《きょう》化《か》ワインの一種「シェリー」は、古くから世界中で愛飲されてきた。

◆スペインワインの格付け

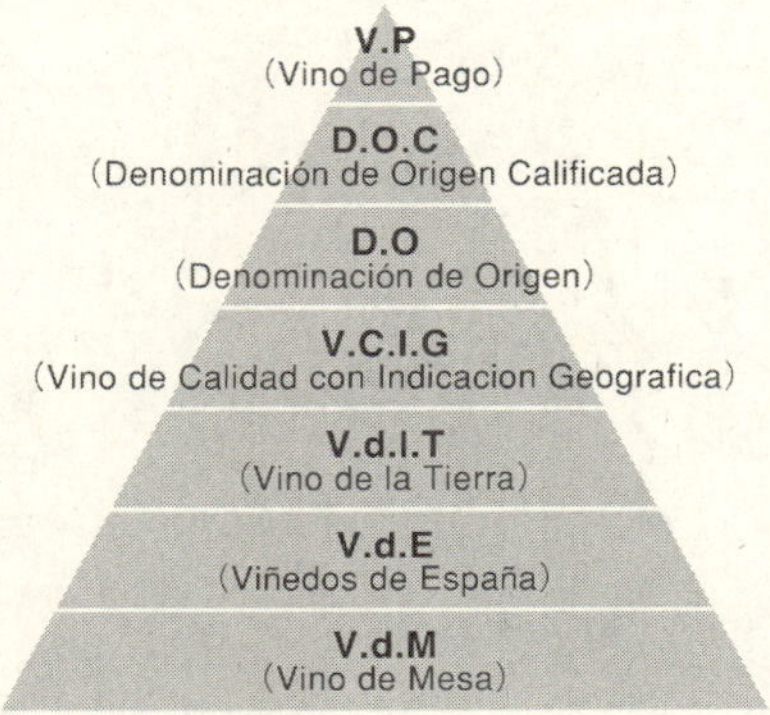

スペインは十八世紀からワイン法を制定し格付けを行ってきたが、現行の制度が設立されたのは一九二〇年のこと。以後新規定が追加されている。多くのＥＵ（欧州連合）諸国と同じく、生産地と品質を基準に原産地呼称ワインである「指定地域優良ワイン」と手頃なテーブルワインにあたる「日常用ワイン」とに分類している。

指定地域優良ワインにあたるのはＤＯＣとＤＯだが、最高規格ＤＯＣの審査基準はブドウの栽培方法や植えつけ密度、醸造法、残留二酸化硫黄量など非常に細かく、かつ厳しく設定されている。

現在指定されているリオハとプリオラトの両地域は州政府に認められている。

スペインワインの生産地を知ろう

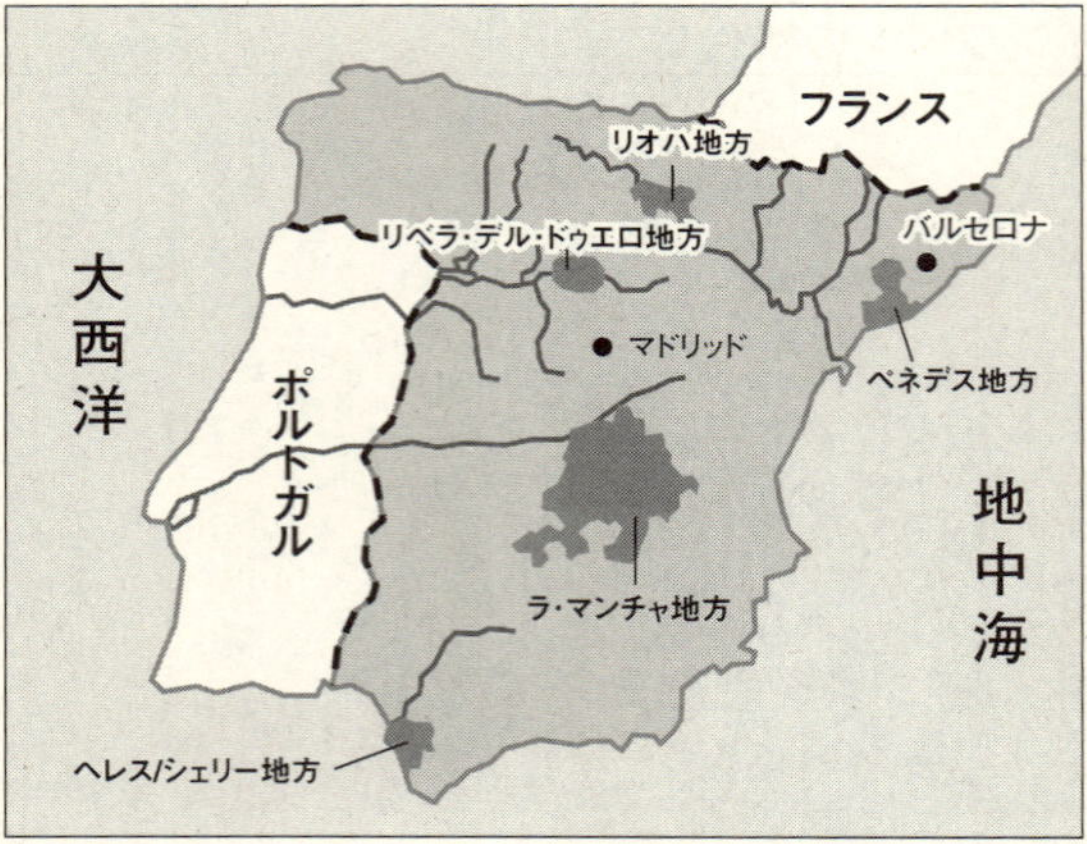

粒ぞろいの銘醸地

最高の銘醸地はやはりDOC指定の地域、リオハ地方だ。十九世紀に新天地を求め流入してきたボルドー地方の醸造家から技術移転されて以降、その名声は世界的なものになっている。果実味豊かな赤ワインが代名詞的存在だ。

寒暖の差が激しいカスティーリャ地方では、奥深い味のワインが誕生する。代表的産地はリベラ・デル・ドゥエロ。白ワインやカヴァの産地として名を馳せたカタルーニャ地方では、近代化により重厚な赤ワインに注目が集まっている。

スペインの代表的ワイン①

味	軽☆☆☆☆★重
主なブドウ品種	テンプラニーリョ カヴェルネ・ソーヴィニヨン メルロ (ヴィンテージにより変化あり)
価格帯	¥40,000〜
格付け	DO／グラン・レゼルバ

ヴェガ・シシリア・ウニコ

十年という熟成期間が育む深いコク 別名「スパニッシュ・ロマネコンティ」

「スペインの宝石」「スパニッシュ・ロマネコンティ」など多くの称号を持つ最高級赤ワインが、「ヴェガ・シシリア・ウニコ」だ。平均樹齢四十年以上のブドウを原料に、七年の樽熟成と三年のビン熟成を経て出荷される。十年の時間が育んだ奥行きのあるコクと深い果実味はまさに圧巻。ほのかに感じる甘味も大きな特徴だ。

チャールズ皇太子と故ダイアナ妃の成婚を祝うワインとして、エリザベス女王がスペイン国王を通じて購入を依頼したことでも有名になった。

味	軽☆☆☆★☆重
主なブドウ品種	テンプラニーリョ カベルネ・ソーヴィニヨン
価格帯	¥6,000～
格付け	DOC／グラン・レゼルバ

グラン・レゼルバ（マルケス・デ・リスカル）

リオハにフランス流を広めたワイナリーによる長期熟成赤ワイン

「マルケス・デ・リスカル」はリオハ地区最古のワイナリーだ。一八六〇年にリスカル侯爵が設立し、フランス産のブドウ品種や当時の製法を取り入れ、広めたことでも知られている。画家のサルバドール・ダリも愛飲しており、ワイナリーには彼のサイン入りボトルが今でも保存されているという。

「グラン・レゼルバ」はやわらかい酸味と凝縮された果実味のバランスが素晴らしい。長期熟成にも向いており、バースデーや結婚記念日などのメモリアルプレゼントとしてもいいだろう。

スペインのおすすめワイン①

味	軽☆☆★☆☆重
主なブドウ品種	ガルナーチャ カリニャン
価格帯	¥1,500～
格付け	DO

サングレ・デ・トロ（トーレス）

陽気な牛のワインは名門ワイナリーの代名詞

カタルーニャ地方のペネデスに本拠地をおくトーレス社は、十七世紀からつづく名門ワイナリーだ。老舗ながら、銘柄にあった醸造法を新旧にこだわらず選択する柔軟さで、高品質なワインを数多く送りだしている。

中でもサングレ・デ・トロの赤は、同社の代名詞ともいえる銘酒だ。フルーティーな香りの中に、完熟したブドウの力強さが感じられる。ボトルネックには「牛の血」という名前にちなんで、闘牛のマスコットが。粋な遊び心に応えて、陽気にいただこう。

スペインのおすすめワイン②

味	甘☆☆☆★☆辛
主な ブドウ 品種	チャレッロ マカベオ パレリャーダ
価格帯	¥1,500〜
格付け	——

コドーニュ　クラシコ・セコ

世界中で愛される辛口スパークリングワイン

さわやかな酸味と爽快感あふれるのどごしが堪能できる「コドーニュ　クラシコ・セコ」。スペインのスパークリングワイン、カヴァの最大手醸造メーカーによる一本だ。

カヴァとはカタルーニャ地方の言葉で「地下道・倉庫」のこと。コドーニュ社には世界最大といわれる地下セラーがあり、全長は三十キロにも及ぶ。トンネルのようなセラーの中で、出荷のときを待つカヴァは実に一億本。ケタ違いのスケールは、世界中に愛好家をもつ揺るぎない証でもある。

スペインのおすすめワイン③

味	軽☆☆☆☆★重
主なブドウ品種	テンプラニーリョ ガルナーチャ カリニャーノ グラシアノ
価格帯	¥2,000～
格付け	DO

ムガ・レゼルバ

伝統的手法を守るワイナリーの官能的な味わい

リオハ地方でもっとも伝統的な手法を用いてワインづくりを行っているのが、ボデガス・ムガだ。家族経営の小さなワイナリーで、徹底した品質管理が行き届いている。「ムガ・レゼルバ」も最高の状態で熟成期間を過ごし、最良のタイミングで出荷されている。

近代的なステンレスではなくオーク製の樽で時を重ねているため、クルミやアーモンドなどの複雑味をもって芳《かんば》しい香りがふくらむ。なめらかな舌触りとまろやかなタンニンで、なんとも官能的な味わいとなっている。

アメリカワインの特徴

ブドウ品種それぞれの個性を重視したワインづくり

■自由さと合理性を兼ね備えたワイン法

アメリカにおけるワインづくりは十八世紀までさかのぼるが、本当の意味での幕開けは禁酒法が廃止された一九三三年といえる。ワイン生産国としては後発組。フランスやイタリアといったヨーロッパ諸国に対抗するため、カリフォルニア大学に栽培・醸造学科を開設するなど、科学的にワインをとらえ技術を発展させてきた。

アメリカをはじめとするワイン新興国の特徴として、「品種主義」の台頭があげられる。ＥＵ（欧州連合）諸国で採用されている格付け、原産地呼称制度はある程度の歴史の蓄積によって成り立っている。土地の個性や品種との適合性を判断するのは、一朝一夕でできるものではないからだ。

一方、ワインづくりの歴史が浅い国ではそういった判断材料がないため、「ワインの風味をつくるのは畑ではなく、品種である」という立場がとられ、ブドウの個性を重視した醸造が行われているのだ。

◆アメリカワインのラベル表示等における規定（★はAVA規定）

	カリフォルニア	オレゴン
州	100%	95%以上
郡	75%以上／85%以上★	95%以上
品種	75%以上／85%以上★	ピノ・ノワール種は90%以上 その他のブドウ品種は75%以上
畑	95%以上	95%以上
収穫年	95%以上／85%以上★	95%以上

※ラベルに州・郡・品種などを表記する場合、それらを含まなければならない最低限の比率。
※AVA（American Viticultural Areas）・・・政府認定栽培地域の意味。

一九八三年に制定されたワイン法では、それに従いブドウ品種を表示できる、できないといった規定を設け、ワインを五種類にわけている。また、AVA（政府認定栽培地域）も指定されているが細かな審査基準はなく、こちらも優良生産地区を示しただけにすぎない。

フランスのAOC法などと比較すると、一見、規定の緩さからワイン法は意味をなしていないように思えるが、一定割合以上のブドウを使用しないとラベルに産地やヴィンテージを表記できない。

格付けにとらわれない自由さを持ちながらも、消費者に合理的に情報を伝える、実にアメリカらしい制度といえる。

アメリカワインの生産地を知ろう

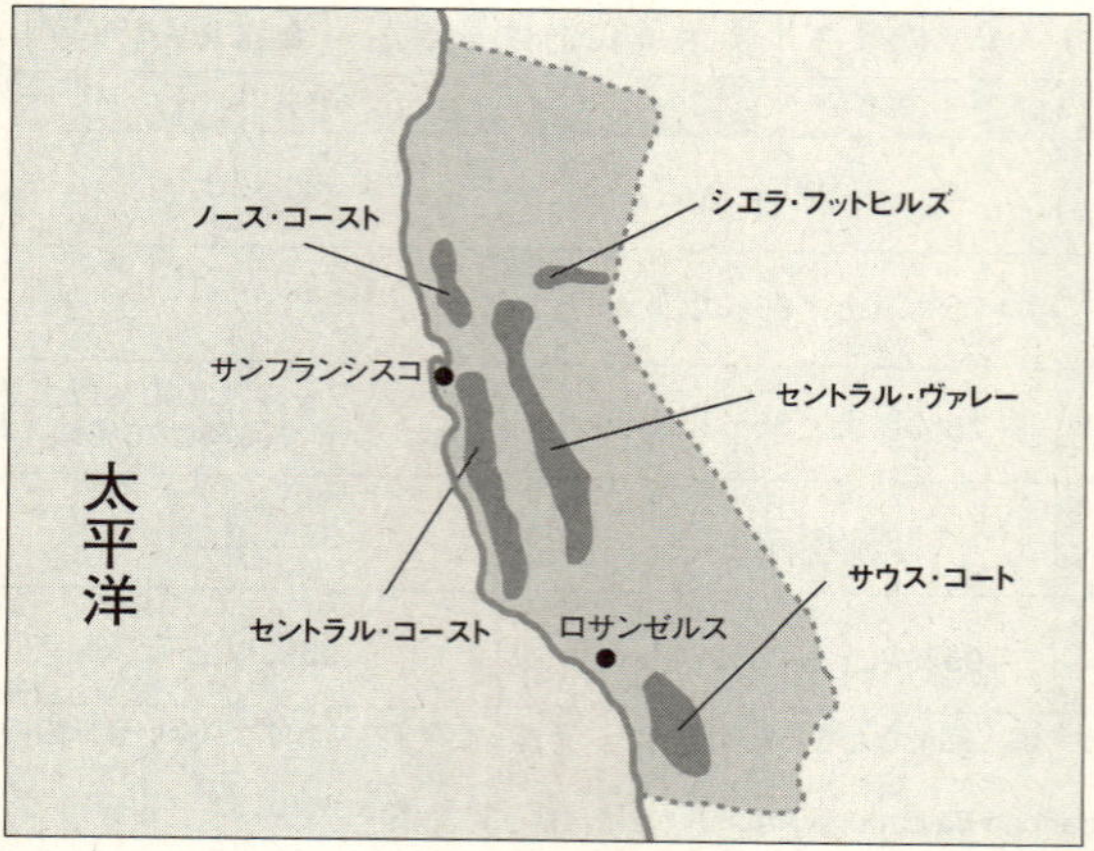

カリフォルニア州の独占状態

アメリカワインとカリフォルニアワインはほぼ同義語。実に、全生産量のうち九割以上がこの州で生まれている。中でもノース・コースト地方は、世界的にも評価が高いワイナリーがひしめくナパ地区、ソノマ地区を擁する。カベルネ・ソーヴィニヨン、シャルドネをはじめとしてさまざまなブドウ品種が栽培され、バリエーション豊かなワインづくりが行われている。

また、カリフォルニア最大のワイン産地であるセントラル・ヴァレーや最新技術の導入で成長著しいセントラル・コーストのワインも見逃せない。

アメリカの代表的ワイン①

味	軽☆☆☆☆★重
主なブドウ品種	カベルネ・ソーヴィニヨン メルロ
価格帯	¥25,000～
格付け	――

オーパス・ワン

ワイン界を代表するふたりの男がつくりだしたスーパーワイン

カリフォルニアワイン界における最大の功労者ロバート・モンダヴィとメドック一級に格付けされる「シャトー・ムートン・ロートシルト」のオーナー、バロン・フィリップとのジョイントベンチャー事業によって、一九七九年に誕生した。ブラックベリーやカシスなどの凝縮された果実味と、ほどよいタンニンが優雅に調和した味わい。発売当初から圧倒的な実力で人気を集めている。ラベルには、この偉大なるワインの仕掛け人である両氏の横顔とサインがデザインされている。

アメリカの代表的ワイン②

味	軽☆☆☆☆★重
主なブドウ品種	カベルネ・ソーヴィニヨン カベルネ・フランetc
価格帯	¥15,000〜
格付け	——

〈ベリンジャー・プライベート・リザーブ・カベルネ・ソーヴィニヨン〉

カリフォルニア プレミアムワインの牽引役

ナパ地区最古のワイナリー、ベリンジャー・ヴィンヤーズは、気軽なテーブルワインから少々値のはるラグジュアリーワインまであらゆる銘柄において安定した高い品質を誇っている。

中でも「プライベート・リザーブ」は「オーパス・ワン」とともに、世界の目をカリフォルニアに向けさせたカリフォルニアプレミアムワインのはしり。発売以降、高い評価をうけつづけている。力強さと繊細さを兼ね備え、深いコクと重厚な旨味をしっかりと感じられるのが特徴だ。

アメリカのおすすめワイン①

味	甘☆☆☆★☆辛
主なブドウ品種	フュメ・ブラン(ソーヴィニヨン・ブラン)
価格帯	¥3,000〜
格付け	――

ロバート・モンダヴィ・ナパ・ヴァレー・フュメ・ブラン

ブドウ品種のイメージを変えた独自のネーミング

このワインはフレッシュな果実味とミネラルのニュアンス、キレのある酸味をバランスよく持っている。

フュメ・ブランとはソーヴィニヨン・ブランの別名。一九六八年、ロバート・モンダヴィがこの品種によるワインを売りだす際、従来のイメージを一新しようと創作した。現在、カリフォルニアではこちらの方がスタンダードな呼び名となっている。この成功からフュメ・ブラン自体の注目度も高まり作付面積が増加、カリフォルニアワインの幅を広げる役割も担った。

アメリカのおすすめワイン②

味	甘☆☆☆☆★辛
主なブドウ品種	シャルドネ
価格帯	¥2,500〜
格付け	――

シミー・シャルドネ

世界的試飲会でも高評価
ブルゴーニュ産をもしのぐ実力

カリフォルニアの温暖な気候と強烈な日差しのもとで栽培された「シミー・シャルドネ」は旨味が凝縮された白ワインだ。フルーティーでスモーキーな甘い香り、長く優雅に残る余韻が印象的な仕上がりとなっている。権威ある試飲会におけるブラインドテイスティングで、何度もブルゴーニュ産をしのぐ評価を受けている銘酒だ。

シミーワイナリーには世界トップクラスのワインコンサルタントや醸造家が在籍し、今後さらなる成長が期待されている。

アメリカのおすすめワイン③

味	軽☆☆☆☆★重
主なブドウ品種	カベルネ・ソーヴィニヨン
価格帯	¥800～
格付け	――

ウッドブリッジ・カベルネ・ソーヴィニヨン

カリフォルニアワイン入門編におすすめ！

ロバート・モンダヴィが手がけるワインシリーズとしては、もっとも気軽にいただけるもの。カリフォルニアワインの入門編としてもいいだろう。とはいえ、カベルネ・ソーヴィニヨンの特徴であるベリーの香りやスパイシーなアクセントが堪能でき、非常にコストパフォーマンスの高い一本だ。

さらにウッドブリッジシリーズは、品種主義は残しながらも気候や土壌、地勢など畑の個性を重視して生産されている。伝統と最新技術を組み合わせた、ハイブリッドワインなのだ。

品種主義による大規模なブレンドがスタンダード
オーストラリアワインの特徴

■気候変動の少ない温暖な気候が良質なブドウを育む

十分な日光、適度な雨量、水はけのよい土壌に恵まれたオーストラリアは、「あらゆる年がヴィンテージイヤー」といわれるほどブドウ栽培に適している。気候の変動もあまりなく、ワインの品質を常に一定に保つことができるため、生産年によるあたりはずれが少ないのが魅力だ。

ワインづくりにおいては新興国であり、その歴史は二百年程度。しかも海外への輸出がはじまった十九世紀は、甘口のデザートワイン一辺倒の醸造地でしかなかった。二十世紀半ばからは輸送技術の発達や栽培・醸造法の革新、イタリア系移民の増加、ワインブームの到来などにより、さまざまなタイプのワインが生産されるようになっている。現在栽培されている品種はすべて欧米系のもので、とくにシラーズ（シラー・フランスのコート・デュ・ローヌ地方の主要品種）の評価が高い。

歴史の浅いワイン産出国にありがちだが、アメリカ同様「ワインはブドウの品種

◆オーストラリアワインの分類

← 高品質

Varietal wine ヴァラエタル ワイン	Varietal Blend wine ヴァラエタル ブレンド ワイン	Generic wine ジェネリック ワイン
【概要】 単一ブドウ品種・産地名・収穫年を記載の場合、85%以上使用してつくる上級ワイン。品種の特徴がわかりやすい	【概要】 数種類の品種をブレンドしてつくる	【概要】 数種類の品種をブレンドした日常用ワイン。おもにオーストラリア国内で消費される
【ラベル表示】 ブドウ品種・産地名・生産年が表示される	【ラベル表示】 使用割合の多い順に品種が表示される	【ラベル表示】 ボトル裏のラベルに使用品種が表記される場合もある。生産者の判断に委ねられている

によって決まる」という品種主義が基本となっている。ブドウの個性を活かしたワインづくりがすすめられる一方で、品種が同じであれば産地や生産年が異なっても問題はないとの考え方があり、大規模なブレンドを基本とする大量生産が行われている。しかし、近年は小規模のワイナリーを中心にテロワール（土壌や気候）の重要性も見直されつつある。オーストラリアは現在、大きな転換点を迎えているのだ。

品種のラベル表記に関する規制も整備されているが、アメリカに倣《なら》いあくまでも格付けではなく分類。さらに異なる産地間のブレンドも珍しいことではないため、原産地統制名称制度も採用されていない。まずは自分の好きな品種、ブレンドを探してみてほしい。

オーストラリアワインの生産地を知ろう

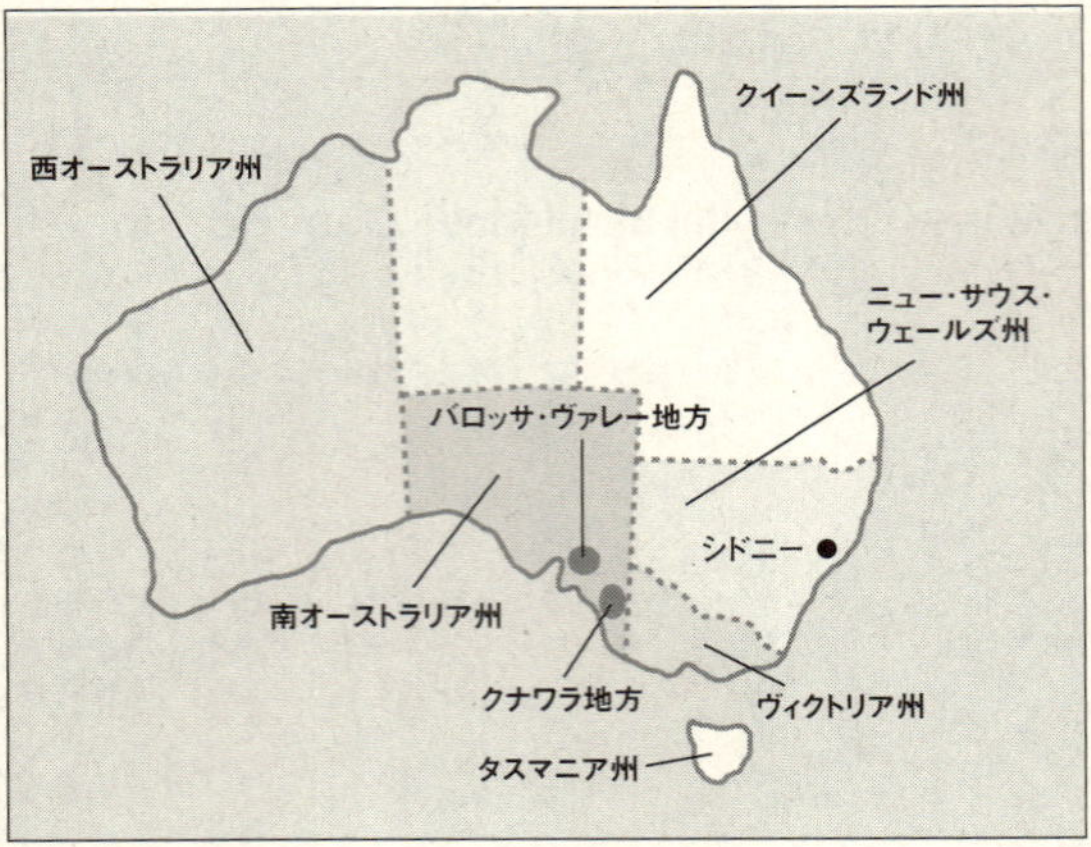

南部地域に産地は集中

ほぼ全州でブドウ栽培が行われているが、代表的産地が集中しているのは比較的気候のおだやかな南部地域だ。

南オーストラリア州は、全生産量のうち五十パーセント近くを産出している。とくにバロッサ・ヴァレー地方やクナワラ地方には世界的にも有名なワイナリーが多数存在し、シラーズの質の高さには定評がある。

また、オーストラリアワイン発祥の地ニュー・サウス・ウェールズ州や、害虫フィロキセラによるブドウ樹木の壊滅から見事に復興を遂げたヴィクトリア州も銘醸地として挙げられる。

オーストラリアの代表的ワイン①

味	軽☆☆☆☆★重
主なブドウ品種	シラーズ カベルネ・ソーヴィニヨン
価格帯	¥25,000〜
格付け	——

ペンフォールド・グランジ

発売当初は酷評を受けた!?
オーストラリアを代表する珠玉の一本

オーストラリアでもっとも古い歴史を持つワイナリーのひとつ、ペンフォールド社による最高級赤ワイン。シラーズを主体にカベルネ・ソーヴィニヨンをブレンドしてつくる、長期熟成タイプだ。各地に点在する畑から原料とするブドウを厳選しており、滑らかな舌触りと独特のコク、濃厚で力強い味わいが楽しめる。

一九五一年の発売当初、国内では辛口というだけで酷評されたが、数々の国際的なコンクールで入賞し、オーストラリアを代表する一本となった。

オーストラリアの代表的ワイン②

味	軽☆☆☆☆★重
主なブドウ品種	カベルネ・ソーヴィニヨン シラーズ メルロ(年により変化あり)
価格帯	¥10,000〜
格付け	――

ウルフ・ブラス　ブラック・ラベル

深い香りが印象的な最高級赤ワイン

やわらかく成熟したまろやかな果実味と渋味が上品に調和しているのが特徴のワイン。チョコレートや黒スグリを思わせる、深い香りも印象的だ。

ウルフ・ブラス社のワインは、ラベルの色が商品名となっている。ブラック・ラベルは「その年の最高のブドウから最高のブレンドでつくる」をコンセプトに生産される最高級ワイン。毎年コンセプト通りの高品質なワインがリリースされているのも、オーストラリア独自のブレンド文化がもたらす恩恵といえるだろう。

オーストラリアのおすすめワイン①

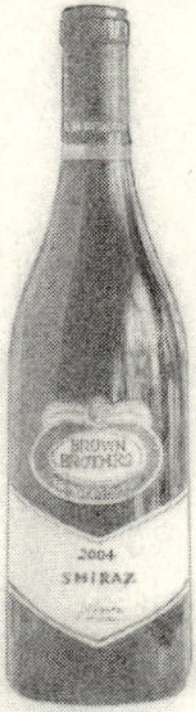

味	軽☆☆☆★☆重
主なブドウ品種	シラーズ
価格帯	¥2,000～
格付け	――

ブラウン・ブラザーズ・シラーズ

意欲的なワイナリーが送る飲みやすいシラーズ

ヴィクトリア州は南オーストラリア州にくらべ天気や土壌の変化に富んでいる。そのため栽培品種が多様化しており、生産されるワインも幅広い。ブラウン・ブラザーズ社も例にもれず、バラエティ豊かなワインを生みだしている家族経営のワイナリーだ。新技術を意欲的に導入し、オーストラリアでは初めてリースリングの貴腐ワインを生みだしたことでも知られる。

このワインはシラーズのややスパイシーな香りとみずみずしい果実味のバランスがよく、非常に飲みやすい。

オーストラリアのおすすめワイン②

味	甘☆☆☆★☆辛
主なブドウ品種	シャルドネ
価格帯	¥1,500～
格付け	――

リンデマンBIN65 シャルドネ

熟成庫のナンバーを背負った秀逸な一本

オーストラリアで栽培されたシャルドネはフランスのブルゴーニュ産にくらべ、ほのかな甘味を持つ。そのためキリリとした辛口の中にも、やわらかな甘さが感じられる仕上がりとなっている。すっきりとした飲み口なので、どんな料理にも合わせやすい。BINシリーズは単一品種でつくられているので、シャルドネの魅力を十分に味わえる。

ちなみに「BIN65」とは熟成庫の番号からとられており、ほかの銘柄もそれぞれの番号がつけられている。

オーストラリアのおすすめワイン③

味	軽☆☆☆☆★重
主な ブドウ 品種	カベルネ・ソーヴィニヨン
価格帯	¥3,000～
格付け	――

ウィンズ・クナワラ・エステート・カベルネ・ソーヴィニヨン

「赤い大地」によって凝縮した絶妙なる旨味

南オーストラリア州クナワラ地区は表土の酸化した鉄分の色から「赤い大地のテラロッサ（土壌）」と呼ばれる。この土壌では旨味の凝縮されたブドウが育成できるのだが、カベルネ・ソーヴィニヨンにはその個性がはっきりと表れ、世界中で評価されている。

クナワラの代表的生産者によるこのワインは、豊かなタンニン分を含み、全体的に引き締まったボディを持つ。

完熟した果実味あふれる香りも心地よくたちのぼり、大地の恵みを感じられる絶妙な味わいとなっている。

チリワインの特徴

新世界随一のコストパフォーマンスが魅力

■害虫フィロキセラから逃れた唯一の国

チリワインの魅力は、なんといってもそのコストパフォーマンスの高さであろう。安い土地代と人件費、栽培に適した気候、乾燥しているため害虫がおらず農薬がいらないことなど、好条件が多数揃っている。日照時間が長く昼夜の温度差が激しいため、ブドウが完璧に熟し濃厚でフルーティーな味わいが生まれる。

もともとスペイン領時代から行われてきたワインづくりだが、ヨーロッパ系ブドウ品種が輸入され、栽培がはじまったのは十八世紀半ばのこと。その後、世界各地でブドウ樹木の根を食べるフィロキセラという害虫が大発生し、ワイン生産国は壊滅的な被害を受けた。しかし、チリではフィロキセラが発生せず、原産地であるヨーロッパで失われてしまった品種を残すことができたのだ。

その恵まれた環境に惹かれ、新世界の可能性を信じたヨーロッパの醸造家たちが次々とチリへ渡り、ワインの品質を向上させてきた。すでにヨーロッパでは栽培さ

◆チリワインの分類

DO（Denominación de Origen）

…原産地呼称ワイン。ワイン法にて定められたブドウ栽培地域で産出したブドウからつくられる。原産地・収穫年・品種を表示するには75％以上の使用が必要

原産地呼称なしワイン

…チリ国内で収穫した指定ブドウ品種からつくられるワイン。表示品種は75％以上使用と混合品種15％以上の場合、比率の多い順に表示する

Vino de Mesa（テーブルワイン）

…食用ブドウからつくられるワイン。国内消費用。ブドウ品種、収穫年、品質表示は認められていない

れていない品種が固有種として残り、個性を伸ばしているのもチリワインの特徴といえよう。

さらに二十世紀後半に入りグローバリゼーションが進むと、フランスの名門シャトーをはじめ、大企業が続々と進出。設備投資や技術革新によって高級ワインの生産もはじまり、瞬く間に銘醸国の仲間入りを果たした。

世界的な人気を受け一九九五年に成立したワイン法では、原産地呼称制度が採用されている。これにより原産地や生産年、ブドウ品種を表示するための規制を行っているが、消費者にはヨーロッパ各国のように権威をもって受け取られていないのが現状のようだ。日本に輸入されている多くは、原産地呼称ワインとなっている。

チリワインの生産地を知ろう

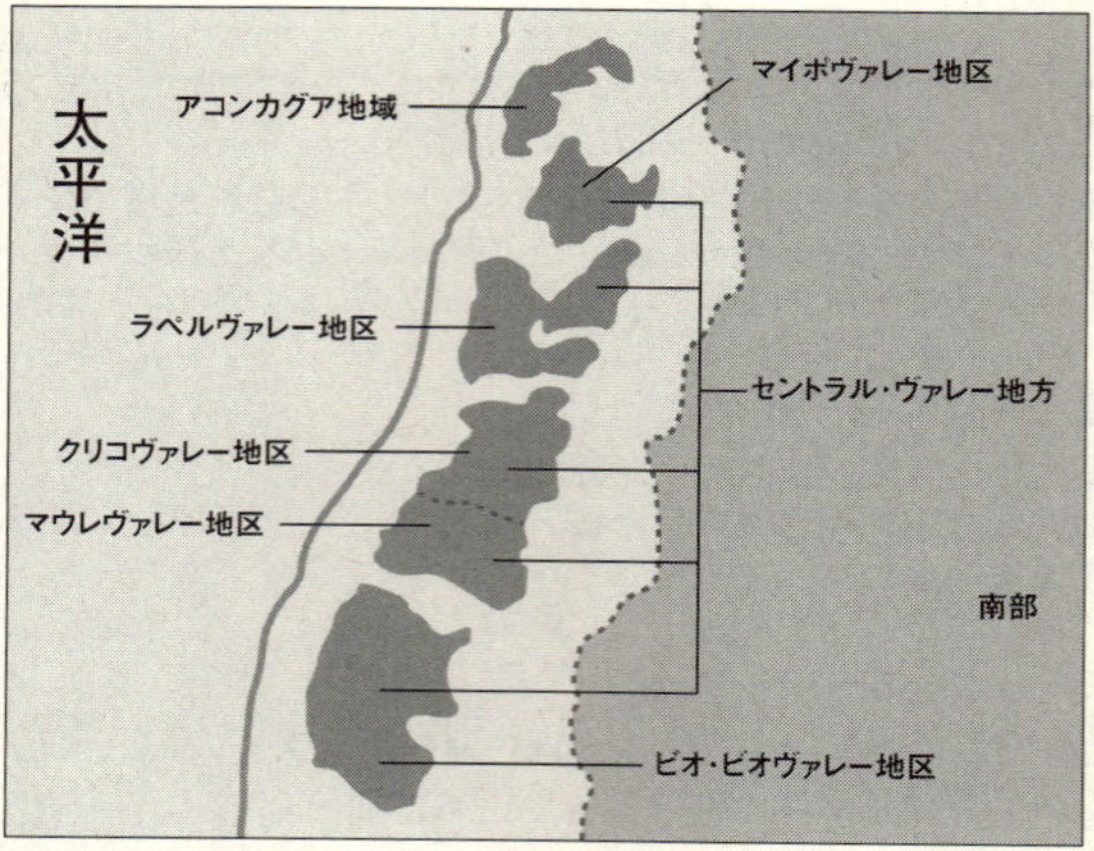

中央地域にひしめく大規模ワイナリー

ブドウの栽培はほぼ全土で行われているが、ワインの生産地はアンデス山脈と海岸山脈に囲まれた盆地である中央地域に集中している。一年を通して晴れの日が多く、日照時間が十分に得られるアコンカグア地域では、さまざまな品種が栽培され、生産されるワインの品質に定評がある。

セントラルヴァレー地方は、チリワインの中心地といってもいいだろう。マイポ地区、クリコ地区、マウレ地区のあたりには大規模ワイナリーも多く、フランス風のワインが多く生産されている。

チリの代表的ワイン①

味	軽☆☆☆☆★重
主なブドウ品種	カベルネ・ソーヴィニヨン
価格帯	¥8,000～
格付け	――

サンタ・リタ・カーサ・レアル・カベルネ・ソーヴィニヨン

聖者の名前を持つワイナリーのこだわりプレミアムワイン

樹齢四十年以上のカベルネ・ソーヴィニヨンをすべて手摘みで収穫し醸造するという、こだわりのプレミアムワイン。上品さと力強さを兼ね備え、成熟した果実味とタンニンがなんともリッチな味わいを醸しだしている。

サンタ・リタというワイナリー名は「枯れたブドウの木を蘇らせた」という逸話をもつ聖者、Santa Ritaからとられたもの。ワインづくりに携わる者たちの、その奇跡に少しでもあやかれたら……という願いが込められたネーミングなのだろう。

チリの代表的ワイン②

味	軽☆☆☆★☆重
主なブドウ品種	カベルネ・ソーヴィニヨン メルロ カベルネ・フラン プティ・ヴェルド
価格帯	¥9,000～
格付け	―――

モンテス・アルファM

最大の努力が生み出す魔法のハイクオリティーワイン

洗練された奥深い香りと、ビロードのような舌触りが優雅な赤ワイン「モンテス・アルファM」。JALファーストクラスのワインリストに入ったことでも話題になった。

モンテス社は、非常に丁寧なワインづくりを行う生産者としても評価が高い。最新技術の導入を随時行う一方で、手摘みによる収穫などテクノロジーでは及ばない部分も大切にしている。品質のためならあらゆる努力を惜しまないその姿勢が、銘酒を生みだしたのだろう。

チリのおすすめワイン①

味	軽☆☆☆★☆重
主なブドウ品種	メルロ カルメネール カベルネ・ソーヴィニヨン
価格帯	¥1,500～
格付け	――――

コンチャ・イ・トロ　BIN3　メルロ

チリ固有の品種を含み
ブレンドの妙を実感できる

メルロ、カルメネール、カベルネ・ソーヴィニヨンの三品種がたがいを補い、深みのある旨味を引きだしている。ブレンドの妙が堪能できる逸品だ。

原料となっているカルメネールは近年までメルロと同じ品種として扱われてきたが、一九九〇年代に別品種であることが判明した。ヨーロッパではフィロキセラによって全滅して以降栽培されていないため、今ではチリの固有種となっている。メルロよりもまろやかな滑らかさを与えるという味わいを試してみてほしい。

チリのおすすめワイン②

味	甘☆☆☆★☆辛
主なブドウ品種	ソーヴィニヨン・ブラン
価格帯	¥1,000〜
格付け	——

ミゲル・トーレス　サンタディグナ・ソーヴィニヨン・ブラン

チリ躍進のきっかけとなったワイナリーによるエコな一本

ふくよかな甘い香りを感じるが、キレのある酸味によって飲み口はさっぱりとしている。舌先に感じる軽い苦味が心地いい、スペインワインのページ（181ページ）でも紹介したミゲル・トーレス社による一本だ。

そもそもワイン産出国としてのチリの躍進は、一九七九年に行われた同社の進出によるものが大きいといわれている。進出開始から三十年近くが経過した現在、殺虫剤や除草剤といった化学薬品を使わない、エコロジーなワインづくりが行われている。

チリのおすすめワイン③

味	軽☆☆☆★☆重
主なブドウ品種	カベルネ・ソーヴィニヨン
価格帯	¥2,500〜
格付け	――

エラスリス　マックス・レゼルバ・カベルネ・ソーヴィニヨン

世界最高峰の片鱗を気軽に味わえる

二〇〇四年、ワインの権威が集《つど》って行われたブラインドテイスティングにおいて一位に輝いたのは、エラスリスのカベルネ・ソーヴィニヨンを使用したプレミアムワインだった。世界最高峰の味は誰もが憧れるが、高価なワインをそう頻繁に飲むのは難しい。そんな悩みを解消してくれるのがこの「エラスリス　マックス・レゼルバ・カベルネ・ソーヴィニヨン」だ。

プレミアムワインを生んだブドウの若木からつくられ、風格漂う重量感が楽しめる。

日本ワインの特徴

環境面のデメリットを技術力でカバー

■意欲的な生産者による挑戦はつづく

日本では明治時代から本格的に開始されたワインづくりだが、高温多湿というこの国ならではの気候にその発展を阻まれてきた。多すぎる湿気はカビ由来の病害を発生させ、収穫期に秋雨が降るためブドウの糖度はなかなか上昇しない。さらには果実の皮に亀裂が入る実割れを引き起こすため、どうしても品質が低下してしまう。そのため、日本産のブドウによるワインは力強い風味に欠け、プレミアムワインを生むことなどは到底不可能といわれてきた。

しかし、環境面でのデメリットを覆《くつがえ》す技術力こそが日本の真骨頂。欧州品種に北米品種をかけあわせ、この国の風土に合いながらも豊かな風味を持つ品種の開発、栽培が行われてきた。具体的には黒ブドウの「マスカットベリーA」や白ブドウの「甲州」などがあげられ、これらの品種を使用して日本独自の個性を持つワインづくりが行われている。とくに昨今の和食ブームによる影響で、「ジャパニーズワイ

◆日本ワインのラベル表示における規定

	表示	使用条件
産地	国産ブドウ100％使用	100％
	○○産ブドウ100％使用	100％
	○○産	75％以上
品種	単一品種	75％以上
年号	収穫年	75％以上

※○○には都道府県、市町村名など収穫地が入る。
※原料に輸入原料を含む場合は「国産ブドウ」「輸入ブドウ」「国産ブドウ果汁」「輸入ブドウ果汁」「輸入ワイン」の用語の中から、あてはまるものを使用量の多い順に表示する。

ン」に対する評価は国際的にも見直されつつある。

またその一方で、栽培技術を工夫することで世界市場において評価されやすいヨーロッパ系のブドウ品種を栽培しワインを生産するワイナリーも増えてきている。

意欲的なワイナリーの増加に足並みをそろえるようにして、ラベル表記に関する規制も整えられてきた。とはいえ法律ではなく、あくまでも業界団体による自主規制。格付けに関する記述はない。

ソフト面においてもハード面においても、まだまだ「発展途上」という言葉があてはまる日本のワイン業界。持ち前の技術力と粘り強さを武器に、これからのさらなる躍進を期待したい。

日本ワインの生産地を知ろう

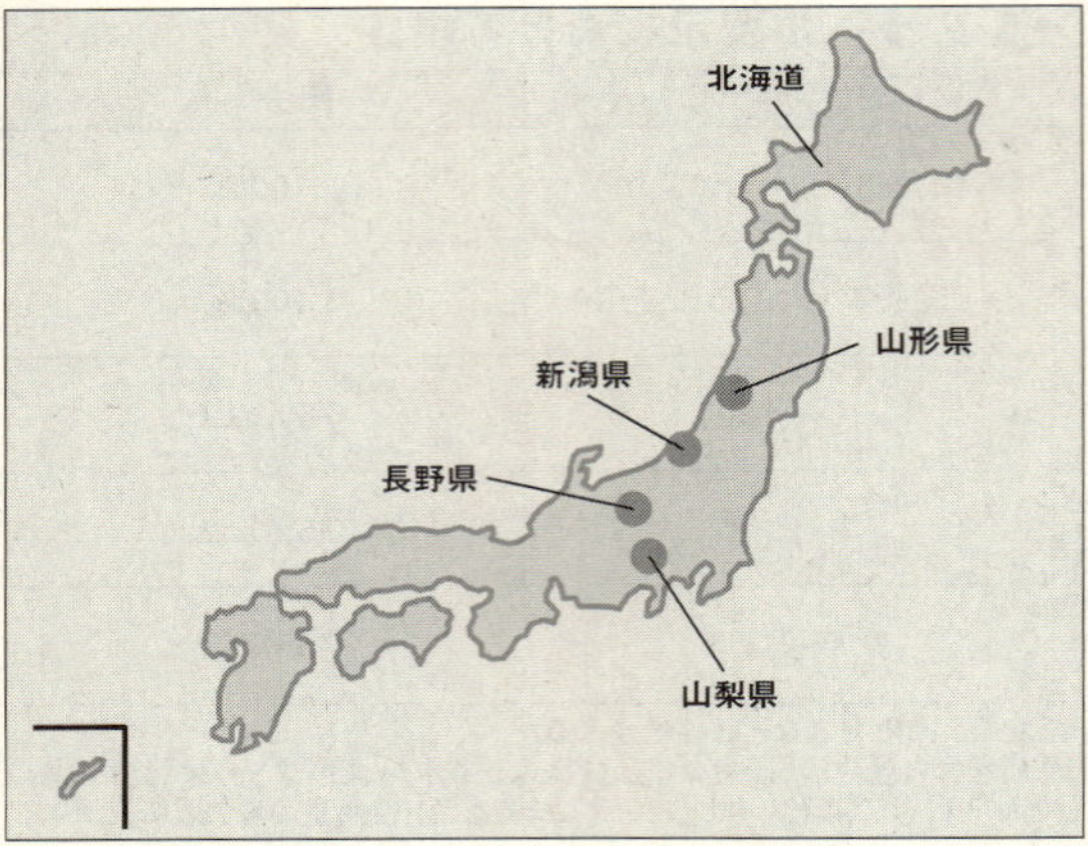

日本ワインのメッカは山梨県

ブドウ生産量全国一位の山梨県は、勝沼町を中心にワイナリーが多数存在している。十二世紀頃からブドウ栽培が行われてきた、日本のワインづくりにおけるメッカといえる（日本で最初にワインがつくられたのは明治三年頃）。

梅雨や台風の影響が少ない北海道では、ヨーロッパ系ブドウ品種の栽培が行われているのと同時に、日本固有種を原料としたワインも人気が高い。

ほかにも日本で唯一ヴィオニエ種の栽培に成功した山形県、冷涼な気候の中でブドウがゆっくりと熟す長野県などが代表的産地だ。

日本の代表的ワイン①

味	軽☆☆☆★☆重
主なブドウ品種	メルロ
価格帯	¥10,000～
格付け	——

シャトー・メルシャン　桔《き》梗《きょう》ヶ《が》原《はら》メルロー（赤）

日本を代表するプレミアムワイン

長野県桔《き》梗《きょう》ヶ《が》原《はら》の標高は七百メートルで、ブドウ栽培地としては高地に位置する。シャトー・メルシャンが同地でメルロの栽培をはじめたのは一九七六年だが、その寒さから樹木が休眠状態に入ることもあったという。防寒対策をはじめとした努力が実を結び、初めて市場に出荷されたのは一九八九年。すぐに国際的なコンクールで金賞を受賞。その後も輝かしい受賞実績を誇る、日本を代表するワインだ。

果実味の中に香ばしさも感じさせる、優美で深い味わいを堪能できる。

日本の代表的ワイン②

味	軽☆☆☆☆★重
主な ブドウ 品種	カベルネ・ソーヴィニヨン メルロ カベルネ・フラン
価格帯	¥12,000～
格付け	――

サントリー山梨ワイナリー　登美（赤）

「ワイン王国」山梨のこだわり限定醸造品

ワイン王国山梨の中でも、もっとも雨が少ない恵まれた土地にある登美の丘ワイナリーは、有機肥料を百パーセント使用するなど、土づくりから徹底的なこだわりを見せている。

そのこだわりの集大成として醸造されるのが「登美」だ。状態のいいブドウができた年だけ生産されるため生産本数も極端に少なく、希少価値が高い。カベルネ・ソーヴィニヨンをメインにメルロなどがブレンドされている長熟タイプの赤ワインで、フレンチオーク樽の芳しい香りが心地よく広がる。

日本のおすすめワイン①

味	軽☆☆★☆☆重
主なブドウ品種	マスカットベリーA
価格帯	¥1,890
格付け	――

マスカットベリーA樽熟成（赤）

おだやかな味わいが和食にベストマッチ

マスカットベリーAは昭和二年に誕生した日本特有の食用兼醸造用品種だ。糖度が高く、おだやかなマスカット香が特徴。本ワインはこの品種を百パーセント使用して醸造されている。

やわらかな果実感とおだやかなタンニンによるしっとりとした味わいで、とにかく飲みやすい。淡白な和食にあう赤ワインとしてもおすすめだ。

マスカットベリーAは長らくワイン醸造に不向きとされていたが、この銘酒の誕生によって一躍人気品種となった。

日本のおすすめワイン②

味	甘☆☆☆★☆辛
主なブドウ品種	甲州
価格帯	¥1,890〜
格付け	――

グレイス甲州（白）

洞爺湖サミットでもふるまわれた日本固有種による辛口白ワイン

ブドウ品種の甲州が日本で栽培されるようになったのは、約千二百年前。それ以来、甲府盆地で脈々と受け継がれてきた日本固有種だ。ほのかな酸味と甘味をワインに与えてくれる。

甲州を使用したワインの中で、国際的な評価が高いのが「グレイス甲州」だ。香り高く、引き締まった酸味が持ち味の辛口タイプで、この品種を再評価するきっかけともなった。二〇〇八年七月に行われた洞爺湖サミットの晩餐会で、日本を代表するワインとしてふるまわれた実績を持っている。

日本のおすすめワイン③

味	軽☆☆☆★☆重
主なブドウ品種	清見
価格帯	¥2,500～
格付け	――

十勝ワイン　清見（赤）

寒さに強い突然変異種はキレの良さが持ち味

北海道十勝平野に位置する池田町は、ブドウ栽培地としては北限に位置する。その冷涼な気候が災いし、ワインづくりが開始された当初は失敗の連続だったという。しかし清見と名付けられた寒さに強い突然変異種が誕生し、固有種として独自性を持ったワインがつくられるようになった。

「十勝ワイン　清見」は寒冷地で育つブドウならではの酸味を生かした、キレの良さが持ち味。世界で唯一、池田町でのみ栽培されている独自品種の味わいを楽しんでみてほしい。

COLUMN

その他各国のワインを見てみよう

これまでにワインにおける代表的な生産国の特徴や生産地域、ワインの種類などを紹介してきたが、それ以外にも世界にはワインを生産している国がたくさん点在している。ここまでで紹介しきれなかったワインの生産国の様子を、簡単にではあるが紹介していこう。

■経済発展と同様にいくか？　アジアの潜在能力

●中国

日本ではあまり馴染みがないが、広大な国土と発展著しい経済力により世界でも有数のブドウ産出国となっている。中国国内における消費量も右肩上がりに増加中。ヨーロッパ系ブドウ品種を用いた辛口のワインが人気を呼んでいる。

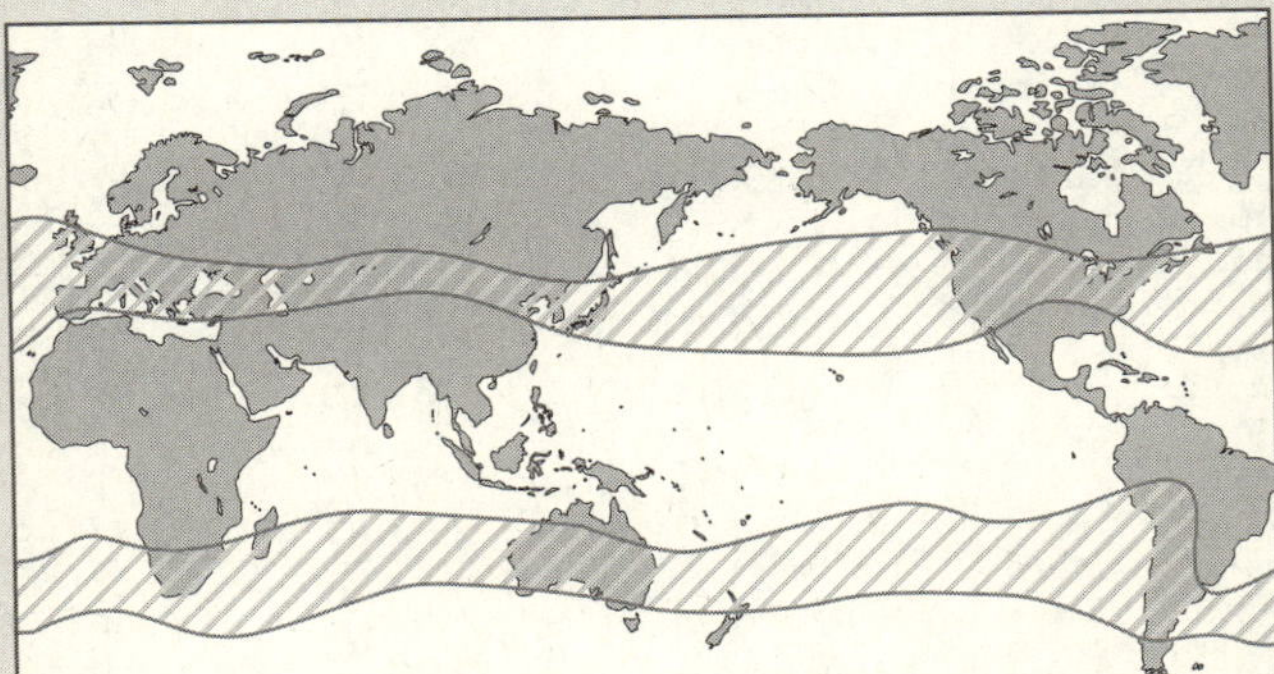

ブドウ栽培には年間平均気温が10～20℃という、温暖な気候が求められる。北半球の北緯30～50度、南半球の南緯20～40度の地域があてはまり、「ワインベルト」と呼ばれる生育適地地帯が広がっている。ワイン生産国はこのベルト上に存在している。

●インド

高温多湿な国ではあるが、一部の高地でブドウ栽培がさかんに行われている。中でもスラ・ヴィンヤーズ社は世界的にも高い評価を受けている。

●イスラエル

旧約聖書時代までさかのぼることができるワインづくりは一時期途絶えていたが、一九八〇年代にカリフォルニアの醸造技術が導入されてから、さまざまな高品質のワインが生産されている。

●旧ソ連

ロシア連邦と独立した各国を合わせると、ワイン生産量は世界屈指のものになる。旧ソ連時代からの大規模醸造所が、世界各地の伝統的な生産業者を圧迫しているという側面も否定できない。グルジアはワイン発祥の地とされ、粘土の壺の中でワインを発酵させる古代様式が今でも残る。ウクライナでは甘口のデザートワインや酒精強化ワインが生産されている。

■東欧から地中海沿岸には伝統国がひしめく

●ハンガリー

世界三大貴腐ワインのひとつ、トカイ地方でつくられる「トカイ・アスー・エッセンシャ」でも有名なワイン生産国。近年は白ワインのみでなく、良質な赤ワインも醸造されるようになってきた。

●オーストリア

グリューナー・フェルトリナーが国内のブドウ品種の三分の一を占め、生産されるワインの八十パーセント以上が白ワインである。オーストリアはドイツのワイン法に従って品質を管理していたため、味わいはドイツワインに似ている。

●ギリシャ

世界最古のワインづくりの歴史を持つ国のひとつ。ギリシャ神話の中にもワインの名前が登場し、「神の酒」といわれている。代表するワイン「レッチーナ」は松脂《まつやに》で風味つけされている伝統的な白ワインである。栽培されるブドウは地中海性気候の影響を受け白ワインの甘口・辛口が多い。

●ポルトガル

国内の生産量の十五パーセント以上を酒精強化ワインが占めており、「ポートワイン」と「マディラ」の生産地として有名。最近の国際市場の人気を受けて、辛口高級ワインもつくられつつある。

■「新世界」の躍進、アフリカ、オセアニアから南アメリカ大陸へ

●南アフリカ

ワインづくりはイギリス植民地時代から行われてきたが、西ケープ州の沿岸地帯に大企業が進出し、ここ数年の品質の向上には目を見張るものがある。

●ニュージーランド

新興国の中では唯一の寒冷気候に区分される。他の新興国が力強いワインを生産しているのに対し、ソーヴィニヨン・ブラン種などの優雅さを追求している。

●アルゼンチン

世界第五位の生産量を誇る。チリワインの爆発的な人気に比べると存在感が薄かった。しかしマルベック種による芳醇な香りの赤ワインが近年人気を呼んでいる。

ブドウの個性がワインを決める

おもなブドウの品種紹介

ひとくちに「ワイン」と言っても、その味わいはさまざま。甘い、辛いをはじめ、軽い、重い、渋いなどワインの個性はその原料となるブドウによって決定される。現在、食用も含めてブドウ品種は八千種類にも及ぶが、そのうちワイン醸造に適しているとされるのは五十種類ほど。その中で代表的なものを見てみよう。

■カベルネ・ソーヴィニヨン（赤）

フランスのボルドー地方、とくにメドック地区やグラーヴ地区における主要品種。青みの強い小粒の黒ブドウで、果皮が厚い。種に強いタンニン分が含まれるため、色の濃い渋味のあるワインができあがる。ワインが若いうちは渋味が強いが、熟成を重ねるにつれてタンニンと酸のバランスがとれ、まろやかになっていく。カシスやブルーベリー、スパイスのような華やかな香りを持つ。

カベルネ・ソーヴィニヨン

■ピノ・ノワール（赤）

フランスのブルゴーニュ地方、カリフォルニア、オーストラリアなどの主要品種。タンニンよりも果実味がまさるフルーティーさが特徴で、ビロードのようになめらかなのどごしをワインに与える。若いうちはイチゴやチェリーなどのベリー系のフルーツに、熟成が進んでからは土やトリュフに例えられる独特の香りをもつ。赤ワインだけでなく、シャンパーニュにも使用される。

■メルロ（赤）

フランスのボルドー地方サンテミリオン地区、ポムロール地区、チリなどの主要品種で、ワインにコクを生む。フランスではカベルネ種とブレンドすることが多く、まろやかな味わいと風味を加えることができる。果皮は黒色が強いが、できあがるワインは濃いルビー色。熟成が進むにつれて、オレンジがかったガーネット色になっていく。香りはカベルネ・ソーヴィニヨンに似ている。

メルロ

ピノ・ノワール

■カベルネ・フラン（赤）

フランスのボルドー地方サンテミリオン地区、ロワール地方の主要品種。カベルネ・ソーヴィニヨンの変異種で、冷涼で多湿な土地でも栽培できる。味わいや香りもカベルネ・ソーヴィニヨンに似ているが、やや酸味や渋味が少なくソフトな仕上がりとなる。ほかの品種の補助的役割を担う場合が多いが、ロワール地方では単一原料としてワインがつくられている。

■ガメイ（赤）

フランスのブルゴーニュ地方南部の主要品種。タンニンが少なく、フレッシュな若飲みタイプのワインに使用される。ボジョレー地区のヌーヴォーが代表的。キレのある酸味が特徴でワインに軽やかさを与え、イチゴやチェリーなどの新鮮なフルーツの香りが楽しめる。紫に近い赤色のワインができあがり、熟成につれて濃い色合いに変化していく。

ガメイ

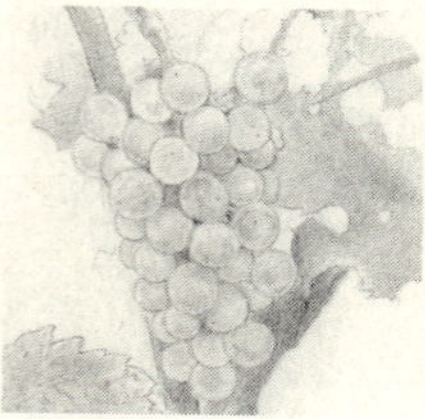

カベルネ・フラン

■ネッビオーロ（赤）

イタリア北部ピエモンテ州の主要品種。長期熟成タイプの赤ワインを中心に使用される。豊富な渋味と酸味が豊かなコクを生み、強烈な個性となってワインに表れる。スミレやバラなど、花の香りが特徴的。また、熟成が進むとキノコ系の香りが感じられることもある。イタリアを代表する長熟ワイン「バローロ」も、この品種から醸造される。

■サンジョヴェーゼ（赤）

トスカーナ地方を中心に、イタリア全土で主要となっているぶどう品種。「ブルネッロ」や「モレッリーノ」などの別名もあり、イタリアでもっとも多く栽培されている。ほかの品種と一緒に使われることが多く、まろやかな口当たりと飲みやすさを生む。香辛料やハーブなどのスパイシーなイメージの香りをつくりだす。「キャンティ」の主要原料。

ネッビオーロ

サンジョヴェーゼ

■シラー／シラーズ（赤）

フランスのブルゴーニュ地方コート・デュ・ローヌ地区やプロヴァンス地方の主要品種。オーストラリアでは「シラーズ」と呼ばれている。タンニンが多く、比較的アルコール度の高いスパイシーな味わいのワインになる。胡椒をはじめとする香辛料やなめし皮といった刺激的で野性的な香りを放つと同時に、ラズベリーや黒スグリなどの果実味も豊富だ。

■テンプラニーリョ（赤）

カタルーニャ地方をはじめとするスペイン全土の主要品種。スペイン国内では「センシベル」「ティント・フィノ」「ウリュ・デ・リェブレ」など、さまざまな別名で呼ばれる。渋味が少なくおだやかな味わいのワインを生みだす。かすかな酸味もあり、アルコール度は高め。ワインが若いころは香りが弱いが、熟成を重ねるにつれて花のような香りが出てくるようになる。

シラー／シラーズ

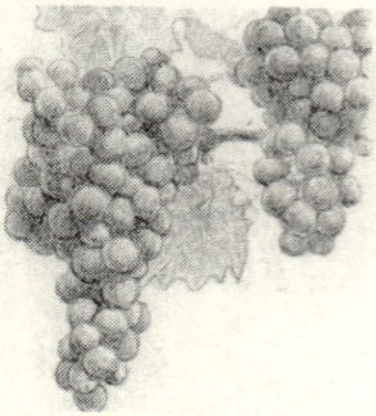
テンプラニーリョ

■シャルドネ(白)

フランスのブルゴーニュ地方、シャンパーニュ地方、カリフォルニア、オーストラリアの主要品種。小粒ながら糖分と果汁をたっぷりと含み、酸味とコクのバランスがとれたワインができあがる。ワインの色は生産地や醸造家によって千差万別の違いがでる。柑橘類やリンゴのようなさわやかな香りを生みだす。高級辛口白ワイン「シャブリ」の原料として有名。

■リースリング(白)

ドイツのモーゼル川流域地方、ライン川流域地方などの主要品種。冷涼な土地でも育成できるが、比較的土壌や日当たりによって果実の味に差がでやすい。すっきりとした酸味とやわらかな甘味が調和したワインを生みだす。果実味が豊かで、抜群のフルーティーさを誇る。ワインが若いうちは花や青リンゴといったさわやかな香りだが、熟成が進むと複雑さが増してよりふくよかになる。

リースリング

シャルドネ

■ソーヴィニヨン・ブラン（白）

フランスのボルドー地方、ロワール地方、イタリア北部、ニュージーランドなどの主要品種。カリフォルニアでは「フュメ・ブラン」とも呼ばれる。リンゴ、洋ナシ、ハーブを思わせる香りを持つセミヨン種との相性がよいことでも知られ、ブレンドして使用される場合も多い。甘口から辛口まで、幅広い味わいができあがる。

■セミヨン（白）

フランスのボルドー地方、南西部地方、オーストラリアの主要品種。果実は小さく、薄い黄緑色をしている。果皮が薄いため、貴腐菌がつきやすいことでも知られる。やや酸味に欠けるが、ソーヴィニヨン・ブランとブレンドされることで豊かな風味を増す。辛口のものは柑橘系フルーツのさわやかな香り、貴腐ワインなど甘口のものはとろりとした蜂蜜のような香りがする。

ソーヴィニヨン・ブラン

セミヨン

■シュナン・ブラン(白)

フランスのロワール地方、南アフリカなどの主要品種。ロワール地方では「ピノ・ド・ラ・ロワール」とも呼ばれる。キレのいい酸味とソフトな甘さで、やさしい印象のワインを生みだす。甘口から辛口まで用途は幅広いが、ほかの品種とブレンドされるなど補助的役割が多い。出来上がったワインは蜂蜜やメロン、白い花やマルメロの実に例えられるほどの甘い芳香が特徴だ。

■甲州(白)

日本の山梨県地方の主要品種。「甲州葡萄」という別名でも呼ばれている。千二百年以上の歴史を持つ日本の固有品種で、生食用としても育成されている。すっきりとした甘味とほのかな酸味をあわせ持ち、クセのないまろやかな味わいをつくりだすことでも知られている。やや弱いが洋ナシや白桃に例えられる香りを持ち、透明に近い黄色がかった色合いのワインとなるのが特徴。

甲州

シュナン・ブラン

ワイン用語解説（50音順）

●**アイスヴァイン**…ドイツワイン法による上質ワイン、プレディカーツヴァイン（QmP）のうちのひとつで、全六クラス中もっとも甘口となる。収穫日を遅くし、樹上で凍らせたブドウを使用して生産される。カナダでも造られている。

●**アウスレーゼ**…ドイツワイン法による上質ワイン、プレディカーツヴァイン（QmP）のうちのひとつ。全六クラス中、下から三番目の糖度となる。

●**ヴィンテージ**…ワインの原料となったブドウが収穫された年のこと。ボトルラベルに記載されるには、各国ワイン法の基準を満たさねばならない。

●**ヴェルモット**…白ワインをメインに、ハーブやスパイスを加えてつくられるフレーヴァード・ワインの名称。イタリア発祥のスイートタイプと、フランス発祥のドライタイプとがある。

●**エチケット**…ワインボトルに貼られたラベルのこと。さまざまな情報が盛り込まれている。

●**澱（オリ）**…ワインを熟成、貯蔵している間に発生する微細な固形物の名称。ワインの製造工程でこの澱と上澄み液とを分離する作業を、「オリ引き」と呼ぶ。

●**オルツタイルラーゲ**…その秀逸さからドイツ国内で例外的に扱われる特別単一畑の名称。合計五ヶ所にのぼり、畑名が生産されるワイン名となる。

●**カビネット**…ドイツワイン法による上質ワイン、プレディカーツヴァイン（Qm

P）のうちのひとつ。成熟したブドウを収穫してつくる。

●**貴腐ワイン**…カビが付着することによって糖度を増した「貴腐ブドウ」によって醸造されるワイン。極甘口。

●**クリュ**…フランス語で「畑」のこと。また、他地域とくらべ優れたブドウを産出する特定区域を指す場合もある。

●**グラッパ**…イタリアで産出される蒸留酒。果汁をしぼったあとのブドウを利用してつくられる。

●**コルク**…コルクガシを覆う樹皮を原料としたワインボトルの栓。

●**コルク臭**…コルクに微生物などが付着することで発生する臭い。ワインを劣化させる原因となる。

●**サングリア**…ワインにソーダや果汁、フルーツのスライスを加えたスペインの混成酒。一般家庭でよく飲まれている。

●**シェリー**…スペイン南部アンダルシア地方で生産される、酒精強化ワインの名称。

●**シャトー**…フランス語で「城」を意味する。ボルドーワインにおいてはブドウの栽培をはじめ、醸造などを行うワインの生産者のこと。

●**ジャンブ**…ワイングラスの内側にできる、涙のような筋状の跡。「脚」とも呼ばれる。アルコールとグリセリンが豊富に含まれることを証明している。

●**酒精強化ワイン**…ワインにアルコールを添加してつくる飲み物の総称。代表的なものにスペインの「シェリー」、ポルトガルの「ポートワイン」が挙げられる。

●**シュペトレーゼ**…遅摘みの完熟ブドウを原料に生産されるワイン。ドイツワイン法による上質ワイン、プレディカーツヴァイン（QmP）のうちのひとつ。

●**醸造家**…ブドウの栽培・収穫から仕込

み、熟成にいたるまで、ワインづくりをトータルに管理する職業。「エノロジスト」とも呼ばれる。

●**スーパートスカーナ**…イタリアのトスカーナ州で産出される、既存のDOC法による格付けにとらわれない高品質ワインの総称。世界的な評価も高く、多くが高額な値段で取引きされている。

●**スパークリングワイン**…発泡性ワイン。フランスの「シャンパーニュ」、イタリアの「スプマンテ・クラシコ」、スペインの「カヴァ」、ドイツの「ゼクト」など世界各国でつくられている。

●**セパージュ**…ブドウ品種、ブドウの苗木を指す。

●**ソムリエ**…レストランなどの飲食店や小売店でワインの仕入れや管理を担当する人のこと。ワイン選びを手助けしてくれる心強い味方。女性の場合は「ソムリエール」と呼ばれる。

●**タンニン**…ブドウの果皮や種子に多く含まれる渋味。熟成によりまろやかな味わいになる。

●**テーブルワイン**…比較的安い値段で売買され、日常的に飲まれているワインの総称。

●**テイスティング**…ワインの色や香り、風味を確かめるために試飲すること。

●**デカンタージュ**…上澄みのワインだけをほかの容器に移し替えること。赤ワインを空気に触れさせたり、澱をとりのぞいたりするために行われる。

●**テロワール**…土壌・気候・地勢など、その土地が持つ独自の個性のこと。また、それが反映されたブドウの個性を指す場合もある。

●**トカイエッセンシャ**…ハンガリーのトカイ地方でつくられる甘口の上級白ワイ

ン。ドイツのトロッケンベーレンアウスレーゼ、フランスのシャトー・ディケムと並ぶ世界三大貴腐ワインのひとつ。

●**トロッケンベーレンアウスレーゼ**…ドイツワイン法による上質ワイン、プレディカーツヴァイン（QmP）のうちのひとつ。貴腐ブドウによって生産される、最高級の極甘口ワイン。

●**ドメーヌ**…フランスボルドー地方の「シャトー」と同義語。ブルゴーニュ地方にブドウ農園を持ち、自らワインをつくっている醸造所のこと。

●**ネゴシアン**…ワイン商のこと。栽培されたブドウやワインの買いつけを行う。また、独自のブドウ園を所有する者もいる。

●**バイオワイン**…無農薬有機農法のブドウを原料としたワイン。「オーガニックワイン」とも呼ばれる。製造過程における化学薬品の使用も控えられている。

●**ブーケ**…ワインの熟成が進むにつれて変化、生成する香りのこと。

●**フィロキセラ**…ブドウ樹木の根や葉に寄生する害虫。十八世紀後半にアメリカ原産のブドウ樹木とともにヨーロッパに渡り、各国のブドウ畑に壊滅的な被害を与えた。対策として、耐性のあるブドウを台木とした接ぎ木が行われる。

●**ブラインドテイスティング**…ワインを試飲会などで評価する際、産地や銘柄を伏せてテイスティングを行うこと。先入観を持たずにワインを味わうことが目的。

●**ブリュット**…「生のまま」という意味の仏語。シャンパーニュ（シャンパン）の辛口を指す。

●**フレーヴァード・ワイン**…通常のワインにハーブやスパイスなどを添加したもの。混成酒。

●**プレミアムワイン**…上級ワインの総称。

高額であることが前提だが、明確な定義があるわけではない。国際的に評価が高い銘柄が多い。

●**ベーレンアウスレーゼ**…ドイツワイン法による上質ワイン、プレディカーツヴァイン（QmP）のうちのひとつ。全六クラス中、上から四番目のクラスとなる。

●**ポートワイン**…ポルトガル特産の酒精強化ワイン。

●**ボジョレー・ヌーヴォー**…毎年十一月の第三木曜日に発売される、フランスボジョレー地方の新酒。

●**ホスト・テイスティング**…注文したワインに異常がないかどうかを確認する作業。

●**ボディ**…ワインの持つコクを意味する。「軽い」「重い」で表現され、軽いタイプから「ライトボディ」「ミディアムボディ」「フルボディ」に大別される。

●**ボデガ**…フランスボルドー地方の「シャトー」と同義語。スペインにおいてブドウ園をもち、ワインを生産している醸造所のこと。

●**マール**…フランスで産出される蒸留酒。果汁をしぼったあとのブドウを利用してつくられる。

●**マリアージュ**…フランス語で「結婚」を意味する。料理とワインが互いの長所を引き立てあうこと。また、その組み合わせ。

●**ロゼワイン**…桃色を帯びた淡い色のワインのこと。いくつか製法がある。

●**ワイナリー**…ワインを醸造する施設及び生産業者の名称。

●**ワインセラー**…ワインを保存する貯蔵専用庫。庫内を一定の温度に保ち、ワインを理想の状態で管理できる。家庭用から業務用まで幅広い。

●**Amarone（アマローネ）**…陰干ししたブドウからつくられる辛口のワイン。イタリアヴェネト州産。

●**AOC**…フランス産のワインに与えられる最高級品質保証。品種、栽培法、醸造法など定められた基準を満たしたものにのみ与えられる。また、この基準を設定しているワイン法の名称としても使われる。「原産地統制名称」と訳される。

●**AVA**…アメリカにおける政府認定栽培地域のこと。ヨーロッパ諸国にくらべ緩やかな基準で指定されている。

●**AOVDQS**…AOCより緩やかな基準を満たしたワイン。

●**Crianza（クリアンサ）**…スペインにおいて二年以上熟成された赤ワインと、八ヶ月以上熟成された白ワイン及びロゼワインのこと。

●**Deutscher Landwein（ドイチャー・ラントヴァイン）**…ドイツワイン法による地酒的ワイン。産地や品種の特長がわかりやすい。

●**Deutscher Tafelwein（ドイチャー・ターフェルヴァイン）**…ドイツワイン法によるテーブルワイン。ドイツ産のブドウのみを原料としてつくられる。

●**DO（スペイン・チリ）**…スペインやチリの原産地呼称ワインの総称。ワイン法で規定の基準を満たして生産されたもののみ名乗ることができる。

●**DOC（イタリア）**…一九六三年にイタリアで制定、一九九二年に改定したワイン法。ブドウ品種や収穫量、熟成法など細かな基準を満たしたワインに認められる品質保証でもある。フランスのAOCにあたる。

●**DOC（スペイン）**…スペインの原産地呼称ワインの中でも、もっとも厳しい基準を満たしたもの。現在、指定地域はリオハのみしか認められていない。なお、プリオラトは州政府認定。

●**DOCG**…イタリア農林省の推薦を受けた統制保証原産地呼称ワイン。

●**Generic wine**（**ジェネリックワイン**）…オーストラリア産のブドウからつくられ、原料となる品種にはこだわらない。輸出用にはDry White、Dry Red等と表示される。

●**Gran Reserva**（**グラン・レゼルバ**）…スペインにおいて五年以上熟成された赤ワインと、四年以上熟成された白ワイン及びロゼワインのこと。

●**IGT**…イタリアの指定された産地内の推奨ブドウを八十五パーセント以上使用してつくられる、特定産地名称ワイン。

●**Prädikats wein**（**プレディカーツヴァイン／QmP**）…ドイツワイン法による高級ワイン。①「カビネット」②「シュペートレーゼ」③「アウスレーゼ」④「ベーレンアウスレーゼ」⑤「アイスヴァイン」⑥「トロッケンベーレンアウスレーゼ」に分類され、一般的に①〜⑥の順に糖度が高くなる。

●**QbA**…ドイツワイン法による上級ワイン。特定十三地域で生産され、一定検査基準を満たしたワインが認められる。

●**Reserva**（**レゼルバ**）…スペインにおいて三年以上熟成された赤ワインと、二年以上熟成された白ワイン及びロゼワインのこと。

●**Recioto**（**レチョート**）…陰干ししたブドウでつくる甘口のワイン。イタリア産。

●**Riserva**（**リセルヴァ**）…イタリアの限定された地域で、規定のアルコール度数、熟成期間を超えた特別なワインをいう。

●**Varietal Blend wine**（**ヴァラエタルブレン**

ドワイン）…オーストラリア産の複数のブドウ品種をブレンドし、オーストラリア国内でつくられるワインの総称。品種表示は割合の多い順に示される。

●Varietal wine（ヴァラエタルワイン）…オーストラリア国内でつくられる上級ワインの総称。オーストラリア産のブドウ品種、産地名、収穫年を表示する場合はそれぞれ八十五パーセント以上を使用していなければならない。

●VdP…フランスの限られた産地で認可されたブドウのみを原料としてつくられたワイン。「地酒」とも訳され、日常的に飲まれる。

●VdT（イタリア）…イタリア産のブドウによってつくられるテーブルワイン。なかにはDOC申請をしていない高品質ワインも含まれる。

●VdT（フランス）…フランスで飲まれる家庭用ワインで、原産地や原産国の違うワインをブレンドして生産したもの。原産国はEU加盟国に限る。

●Vino de Mesa（ビノ・デ・メサ／スペイン）…スペインでDO指定されていない地域や異なる産地のブドウを原料として生産されるワイン。

●Vino de Mesa（ビノ・デ・メサ／チリ）…チリ国内で生産される食用ブドウを原料としたワインの総称。低価格のテーブルワインとして消費される。

●Vino de la Tierra（ビノ・デ・ラ・ティエラ）…スペインで認定された地域産のブドウを六十パーセント以上使用してつくられるテーブルワインのこと。フランスのヴァン・ド・ペイに当たる。

参考文献

『世界を変えた6つの飲み物』トム・スタンデージ著　新井崇嗣訳　インターシフト
『ワインの愉しみ』塚本俊彦著　NTT出版
『間違いだらけのワインの飲み方』藤見利孝著　河出書房新社
『知識ゼロからのワイン入門』弘兼憲史著　幻冬舎
『知識ゼロからの世界のワイン入門』弘兼憲史著　幻冬舎
『ワインを愉しむ基本大図鑑』辻調理師専門学校&山田健監修　講談社
『ワインの練習（エチュード）』横山幸雄著　光文社
『地図で見る世界のワイン』ヒュー・ジョンソン、ジャンシス・ロビンソン著　山本博日本語版監修　産調出版
『魅惑のオーストラリアワイン』高橋梯二著　時事通信社
『ジャンシス・ロビンソンの世界一ブリリアントなワイン講座(上)』ジャンシス・ロビンソン著　塚原正章訳　集英社
『ジャンシス・ロビンソンの世界一ブリリアントなワイン講座(下)』ジャンシス・ロビンソン著　塚原正章訳　集英社
『いつのまにやらワインが職業』友田晶子著　新潮社
『現代ワインの挑戦者たち』山田健著　新潮社
『スペイン・ワインの愉しみ』鈴木孝壽著　新評論
『はじめてのワイン』原子嘉継監修　西東社

『映画の中のワインで乾杯！』須賀碩二著　東急エージェンシー
『ワイド版ワインベストセレクション300』野田宏子著　日本文芸社
『びんの話』山本孝造著　日本能率協会
『ワインの文化史』ジャン＝フランソワ・ゴーディエ著　八木尚子訳　白水社
『ワインを飲みにオーストラリア』森枝卓士著　早川書房
『日本のワイン』山本博著　早川書房
『ポケット・ワイン・ブック［第7版］』ヒュー・ジョンソン著　辻静雄料理教育研究所訳　早川書房
『最新 基本イタリアワイン』林茂著　阪急コミュニケーションズ
『家庭で飲むためのお気に入りワインの探し方』原子嘉継監修　ＰＨＰ研究所
『ワインの基礎力70のステップ』石井文月著　美術出版社
『イタリアワイン最強ガイド』川頭義之著　文藝春秋
『ワイン用語辞典』菅間誠之助著　平凡社
『ワイン物語（中）』ヒュー・ジョンソン著　小林章夫訳　平凡社
『ワイン物語（下）』ヒュー・ジョンソン著　小林章夫訳　平凡社
『ワインの謎解き』安間宏見著　マガジンハウス

ほか、多数の書籍およびＷｅｂサイトを参考としています。

編集……………………………………………株式会社レッカ社
斉藤秀夫
畑尾嘉孝
ライティング………………………………塩澤雄二
本間美加子
本文デザイン ……………………………和知久仁子
本文イラスト ……………………………内田ユカ
DTP……………………………………………Design-Office OURS

本書は、書き下ろし作品です。

監修者紹介

原子 嘉継（はらこ よしつぐ）
日本で数少ない、マスター・ソムリエのひとり。社団法人日本ソムリエ協会元副会長。1963～1999年までパレスホテルに勤務、1992年よりシェフソムリエを務める。現在は産業能率大学のワイン通信講座の講師として、多くの生徒の指導にあたっている。監修書には『はじめてのワイン』（西東社）、『お気に入りワインの探し方』（PHP研究所）がある。埼玉県吉川市在住。

ＰＨＰ文庫　ワインが楽しく飲める本

2008年11月19日　第１版第１刷
2017年11月10日　第１版第７刷

監修者	原子嘉継
発行者	後藤淳一
発行所	株式会社ＰＨＰ研究所

東京本部　〒135-8137 江東区豊洲5-6-52
第二制作部文庫課　☎03-3520-9617（編集）
普及部　☎03-3520-9630（販売）
京都本部　〒601-8411 京都市南区西九条北ノ内町11
PHP INTERFACE　http://www.php.co.jp/

印刷所
製本所　凸版印刷株式会社

ISBN978-4-569-67132-1